北京市科学技术协会科普创作出版资金资助

触物及理

令人眼界大开的物理小实验

吴进远◎著

科学出版社

北　京

内 容 简 介

本书中涉及的很多物理小实验都会用到我们日常所用的手机，这些实验会帮助读者加深对物理学的理解，因而从某种程度上可以说"一部手机，半部物理"。本书呈现的大部分内容比较浅显，但也包括若干比较深入的话题，如正反馈与负反馈、非线性现象这些至关重要的物理学概念。

本书适合高中学生及中学生家长阅读，也可供物理教育教学工作者参考。

图书在版编目（CIP）数据

触物及理：令人眼界大开的物理小实验. 上 / 吴进远著. —北京：科学出版社，2020.10
ISBN 978-7-03-065981-1

Ⅰ.①触… Ⅱ.①吴… Ⅲ.①物理学–实验–普及读物 Ⅳ.①O4-33

中国版本图书馆 CIP 数据核字（2020）第 165098 号

责任编辑：张 莉 崔慧娴 / 责任校对：韩 杨
责任印制：师艳茹 / 封面设计：有道文化

科 学 出 版 社 出版
北京东黄城根北街 16 号
邮政编码：100717
http://www.sciencep.com

天津市新科印刷有限公司 印刷
科学出版社发行 各地新华书店经销
*

2020 年 10 月第 一 版 开本：720×1000 1/16
2020 年 10 月第一次印刷 印张：14 1/2 插页：4
字数：200 000
定价：48.00 元

　　"我们上大学时没有学过这些呀？"也许，很多家长看了本书后会这样说。不过不要紧，你不必觉得自己没有学好普通物理，更不要觉得老师或教材不够理想。尽管本书中的内容所涉及的都是高中物理和普通物理中的知识，但历史上形成的课程大纲，为了照顾知识体系的严谨与循序渐进，以及受到课时的实际限制，有些内容或被忽略，或作选读，或一带而过，所以很多上过大学的人却没有或不记得学过本书中的某些内容是完全可以理解的。

　　"我的孩子需要学习这些吗？"这个疑问是前一个问题的自然延伸。我们知道，后辈必须在整体知识水准上超过前辈，人类社会才会进步。现在知识的传播变得更加便捷，很多年轻学生比前辈在同样年龄时拥有的知识更丰富了。初级物理中一些传统的内容，很多学生可能早就读过，无法引起他们的兴趣，因此，有必要为新一代写一些教材上不一定有的内容，这就是笔者创作本书的初衷。

　　"我的孩子能学会这些吗？"家长对自己不是很熟悉的知识产生类似疑问，这非常正常。笔者希望提醒家长的是，不要低估自己孩子的学习能力。同时，本书是围绕一系列实验展开的，有关知识不是通过死记硬背去学的，而是向自然现象学习，所以学起来并不费力。

　　很多学生如同笔者一样，都是因为物理"好玩"而喜欢学习物理的。物理学的趣味，很大程度上来源于实验。本书中的很多实验，会用到智能手机（或平板电脑）作为实验仪器，用来测量物理量或记录实验数据。很多家长对孩子接触智能手机（或平板电脑）感到两难，既希望孩子接触现代科技产品，又忧心孩子沉迷于网络游戏，因而鼓励孩子用手机做科学实验，可以帮助家长找到一个适当的平衡点。可以说，一部小小的智能手机（或平板电脑）能够帮助我们理解经典物理学中的许多内容。

观察和实验是自然科学家获得新知识的重要方式，我们现在从教材上学到的物理知识，大都是前人通过观察和实验从物理现象中得到的。直到现在，未经过实验证实的物理理论也仅仅是论家之言，经过实验证实的理论才能被广为接受。在学习物理知识的初级阶段，我们固然没有时间和条件做用实验验证所有的物理定律，但是，向自然现象学习这样一种方法，是必须掌握的。

要想学好物理，就要多做实验。除了课堂上、实验室里，很多实验在家也可以做。做实验既可以帮助学生学好物理，又能够提高学生的实际动手能力，从而学会基本的设计、估算、安全防护、工具使用、制作组装等各方面的技巧，是一种综合性极强的素质训练。通过做实验来学习物理，可以将物理概念化繁为简，将抽象的定律变得直观可视，将碎片化的知识融会贯通。很多实验本身，还可以当作物理知识体系的记忆支点。

本书中的很多实验是笔者原创的，设计时尽量避免与学校或科技馆现有的实验重复。我们介绍的知识仍然是从中学物理出发，但有些内容延伸到虚拟现实、电子学与计算机等新技术。实验中使用的器材，尽可能限定在通常家庭可以找到或购买到的物品。所有实验笔者都实际做成功过，在本书中尽可能提供做实验的关键技巧，以便读者少走弯路。

笔者不奢望学生读一遍就能掌握本书中的全部内容，在高中期间，希望学生把书中介绍的各个家庭实验都尽量做一遍。其间我们期待学生能从一些与课堂课程不同的视角去看待物理现象。在高中我们会学到很多物理学知识，不过由于视角的限制，难免会有很多容易混淆的概念。不过有时只要我们换个视角，就会发现这些概念本来是分得清清楚楚的，并不需要专门靠背定义去分清它们。

在这期间，希望每位有能力的家长都参与并帮助孩子完成这些家庭实验。一方面，这是为了学生的安全着想；另一方面，作为一个父亲，笔者想提醒每位家长，请珍惜你能和孩子一起做些共同感兴趣事情的宝贵时光。

本书固然是写给初学物理的读者看的，但笔者仍然愿意与读者分享通过多年科研工作所获得的一些感悟，比如科学直觉的生成与更新、物理效应的完全抵消与非完全抵消等。有些概念对于我们认识世界极其重要，如傅里叶分析、正负反馈、非线性现象等，但我遇到的很多成年朋友从来都没有学过这些概念。在本书中，笔者希望通过一些简单的初等物理实验来介绍与普及这些概念，让这些概念从科学家的书斋中走出来，成为公众观察与认识世间万物的利器。

笔者希望学生上大学时，能把本书带到大学中。随着普通物理课的学习，细心读懂本书中的相关内容。同时，在课程与本书所提供不同视角的基础上，通过上网查资料、参加学术研讨会等方法获取更多的视角，用这个方法把物理学的基础打好。

很多老师或家长会有顾虑：现在学生很忙，哪里有时间花在这种看似玩耍的事情上？考试成绩下降怎么办？考不上理想的大学怎么办？其实素质教育与应试教育并不完全对立，通过有趣的方式把知识学好学透，就没有必要害怕考试。

笔者将本书定位于对现有物理课程内容的补充与扩展，帮助学生从多种角度理解物理知识，但其并未达到足够的系统化程度，并不能完全替代现有课程中的物理实验。不过，物理教师在授课中，完全可以选用其中一些实验作为课程补充，用于课堂演示或实验课，抑或是家庭作业，以期分散难点，降低学生的理解难度，减少学生的记忆负担，从而整体提升学生的物理成绩。

本书中介绍的一部分实验有一定的危险性，读者应提前做好事故防范预案，做好个人防护措施，在成年人监护下完成实验。切记：在任何情况下，绝对禁止单独从事任何有人身危险的活动，家长亦应切实负责保护孩子的安全。

本书每章结尾附有物理实验现象集锦视频的二维码链接，每个视频时长约5 分钟，包含与本章相关的若干实验，以供读者观看参考。

吴进远

2019 年 6 月

目 录

Contents

彩图

第一章 数字摄影技术在物理实验中的应用

现在，随着技术进步，数字照相机已经十分普及，我们可以非常方便地对任何实验中的物理现象拍摄照片或录像以进行记录，有时还可以对拍摄的图像进行分析，获得仅凭肉眼观察不易得到的结果。

本章中，我们通过几个实际例子介绍数字摄影技术在物理实验中的应用。

一、摄影技术的视力增强功能

无论是专用照相机还是手机上附带的照相机，都是性能相当好的光学仪器。在日常拍照时，照相机本身就是一个完整的光学系统。使用这样的光学系统，不仅可以帮助我们记录物理现象，更可以帮助我们看到比较小或比较远的物体。

1. 用手机拍摄细小物体

除了日常照相，我们还可以在照相机的镜头前添加其他光学元件，使之成为一个新的光学系统，而这时，照相机实际上就成为这个新光学系统的一个组成部分。这类新光学系统中比较容易做成功的一种，是在手机照相机前加一个凸透镜（放大镜）（图1-1），用于拍摄细小物体。

图1-1　用凸透镜加手机拍摄细小物体的实验

在这个装置中，将一个凸透镜粘接在手机的照相机镜头前。我们实际使用的是一个小放大镜上的凸透镜，焦距大约为5厘米。粘接的材料是刷油漆时使用的纸胶带，以避免在手机或放大镜上留下残胶。粘接时注意透镜面要与手机底面尽量平行，透镜的中心要与照相机的镜头对正。

在桌面上放置一张中等亮度的有颜色纸，一般情况下应避免使用白色纸或黑色纸。这样可以帮助照相机的自动曝光系统找到比较合适的曝光度，以拍摄到比较清楚的照片。

我们将手机放在一叠书上，以保证手机拍摄时稳定。手机放稳后，调整照相机镜头的焦距长度（放大倍数）以获得比较大的图像。注意：有时候当我们将图像放大后，照相机无法自动对焦，这时，我们需要将放置在手机下面的书加厚，适当增加手机到拍摄物体之间的距离。你可以反复调整这个距离，直到手机上的图像既大又清楚。待取景及自动对焦与自动曝光达到满意状态后，可以按下快门拍摄。由于放大倍数较大，按快门的震动很容易造成照片模糊，因此比较好的做法是使用延时拍摄。

不过，有的手机在延时拍摄时，镜头前的发光二极管会闪光。由于手机与物体距离比较近，这种闪光会影响照相机的自动曝光软件，使之设定到不正确的曝光度。为了解决这个问题，可以用纸胶带将发光二极管临时封闭起来。

如果采取了这几个细致的措施，就可以拍摄出质量较好的照片。笔者拍摄的食盐和细白糖的晶体如图 1-2 所示。

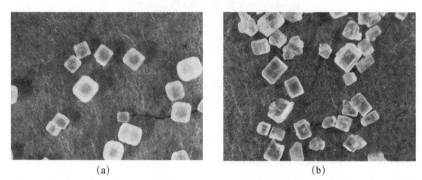

（a）　　　　　　　　　　　　（b）

图 1-2　拍摄的食盐晶体（a）和细白糖晶体（b）照片

食盐的成分是氯化钠，溶解于水中时，氯与钠分离成为离子。当盐水饱和度逐渐增加时，氯与钠逐渐结晶成为氯化钠晶体。这种晶体属于立方晶系，宏观的小块晶体形状呈现出相当好的立方体，各个晶面互相夹角为 90 度。细白糖是一种碳水化合物，它的结晶属于单斜晶系，从照片上我们可以看出细白糖的晶体与食盐的晶体形状不同。

你也可以试着用这个装置拍摄其他物体的微小结构，如蚂蚁、花蕊等。但这个装置过于简单，其放大倍数与清晰度尚不能用于观察和拍摄细菌。但即使这样一个简单装置，已经可以将我们的视野扩展很多了。

2. 用照相机直接拍摄细小物体

有很多中档以上的照相机本身就可以拍摄细小物体，不需要加配其他镜头。笔者拍摄了桌布上的细小水珠，如图 1-3 所示。拍摄时，镜头到物体的距离为 4～

5厘米。拍摄这类物体时，通常不便使用三脚架，需要手持相机，因此快门速度不能太慢。这就需要尽量选择比较明亮的环境。由于拍摄距离很近，照片很难有比较大的景深，因而需要使用手动对焦，以确保被拍摄的物体尽量清晰。

图1-3　拍摄到的桌布上的细小水珠

从图中我们可以观察到细小透明球体的光学性质。水珠的表面反射光线，可以看成是一个凸面镜，而凸面镜所成的像是一个缩小的虚像。因为这个凸面镜的曲率半径很小，成像比原物缩小很多倍，因而从水珠上我们可以看到整个一扇玻璃门的图像。球形的透明物体在一定情况下可以看成是一个凸透镜。从图中我们可以看到水珠后面的桌布纤维被放大了很多，在这种情况下，水珠起到了放大镜的作用。

3. 用手机与望远镜匹配拍摄远处物体

除了将手机的照相机与放大镜匹配外，我们也可以尝试与望远镜匹配，以拍摄比较远的物体。笔者尝试的一个匹配装置如图1-4所示。

（a）在望远镜前加手机　　　（b）望远镜加手机拍摄到的照片

图1-4　用望远镜加手机拍摄远处物体的实验

在将手机与望远镜连接之前，首先用望远镜观察远处的物体，旋转对焦轮，直到能清楚看到物体。这时望远镜所成的虚像在眼睛前方的明视距离处，也就是 25 厘米左右处。对于很多手机的照相机，放大倍数较小时，可以毫无问题地拍摄 25 厘米远的物体；但当放大倍数调到最大时，有些品牌的手机可能无法拍摄这么近的物体。

为了确保拍摄质量，在将手机与望远镜连接之前，你可以先测定一下自己的手机照相机在放大倍数最大时可以拍摄物体的最小距离。方法是：将照相机的放大倍数调到最大，然后对着近处一个物体取景；逐步减小镜头到物体的距离至 20～25 厘米，看看手机是否能够准确地对焦，获得清晰成像。

在将手机与望远镜绑扎时，应注意调整照相机镜头与望远镜目镜的相对位置，使它们同轴。绑扎时，可以先将照相机的放大倍数调低，确保能在取景屏上看到完整的画面，再将放大倍数调大。

笔者用这个装置拍摄了远距离的物体，注意要尽量选择亮度比较高的景物拍摄，白天室外的拍摄效果比在室内用灯光拍摄要好得多。

尽管我们采取了各种措施，但手机照相机与望远镜还是难以达到最优的匹配。你可以尝试寻找质量比较好、物镜口径比较大的望远镜来匹配。

4. 用照相机直接拍摄远处物体

实际上，很多中档以上的照相机本身就可以拍摄远距离物体。笔者使用照相机直接拍摄月亮，拍摄出的效果如图 1-5 所示。拍摄远距离物体时，将照相机的焦长（放大倍数）调到最大，这时照片的清晰度会非常敏感地受到照相机震动的影响，因此毫无疑问一定要使用三脚架。最好使用延时快门或遥控快门，以避免拍摄时震动。拍摄时，要手动对焦，手动设定光圈和快门时间。注意：拍摄月亮时，要选择比"正确"的曝光度小很多的曝光量，才能拍出比较好的效果。

图 1-5 用照相机直接拍摄的月亮

为了获得比较清晰的月球表面地形照片，人们通常选择在半月月相时（即农历初七、初八、二十一、二十二左右）拍摄。这样，太阳光从侧面照射，月面上的高山会留下比较长的影子，我们能够看清楚月面上的凹凸构造。如果希望获得整个月面的照片，可以将上半月与下半月的照片用软件拼接起来。

有人喜欢拍摄满月时的照片，这种情况下，太阳光从我们的后方直接照射到月面，从地球上基本看不到月面上高山的影子。这时观察到及拍摄到的月面不同亮度的区域，是月面的尘土对太阳光本身的反射率不同造成的。因此，满月时拍摄的照片与半月时拍摄的照片显示了不完全相同的信息。

笔者在一次满月时拍摄的照片如图 1-6（a）所示。注意，拍摄满月时，曝光度通常要选择得更低，才可以拍摄出月面的明暗。另一种非常有趣的月相是"新月抱旧月"，这种现象通常发生在新月刚刚出现的第一天或第二天。这种情况下，由于旧月部分光亮度比较低，因而要用相对比较高的曝光度，这时新月部分实际上是过度曝光的。笔者拍摄到的"新月抱旧月"照片如图 1-6（b）所示。这种情况下，旧月上的光是太阳照射到地球上又从地球反射到月球上的。在月球上看地球，如同在地球上看月球一样，也存在圆缺变化。我们在满月的夜间，可以看到月光如洗，而在月球上也同样会看到"地光"如洗。在新月时，从月球上会看到一个完整无缺的地球。这个"地光"就可以照亮月球上没有被太阳照到的地方。"新月抱旧月"的景象每月只会出现 1~2 天，当新月的面积比较大时，旧月部分就看不出来了。

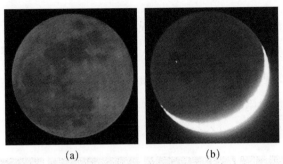

(a)　　　　　　　　(b)

图 1-6　满月照片（a）及"新月抱旧月"（b）的景象

除了拍摄月亮，我们还可以拍摄太阳。太阳和月亮的视角从地球上看非常接近，因此仅从放大倍数看，很多入门级的照相机也可以拍摄太阳。

☞ **安全提示**：实验中不要裸眼直接看太阳。用相机拍摄太阳时，应使用滤光片，直接拍摄会损坏相机的感光元件。

直接拍摄太阳会损坏相机的感光元件。我们可以自己动手制作一个滤光片，挡在镜头前。图 1-7（a）是笔者于 2017 年 8 月 21 日拍摄的日全食发生前的日偏食照片。图 1-7（b）为拍摄时使用的相机和滤光片，滤光材料是从科学商店购买的看太阳用的纸眼镜上获得的。拍摄时快门可以设置得快一些，使曝光度低于相机自动选择的正常曝光度。从图中我们可以看到，太阳表面存在多处黑子。如果我们在不同的日期（不一定是日食的时候）拍摄太阳，会看到太阳黑子的数量及位置是不同的。

(a)　　　　　　　　(b)

图 1-7　日偏食照片（a）和拍摄器材（b）

　　日全食是一种有趣且难得的天文现象。每次日全食发生时，月球本影在地球表面仅仅扫过几十到几百千米宽的一个带状区域，只有在这个区域之内才能看到日全食。笔者拍摄的日全食照片如图1-8所示。日全食发生时，月球将太阳完全挡黑，这时用照相机拍摄时，镜头上的滤光片必须拿掉。本章末所附的视频，记录了笔者拍摄日全食的情景。

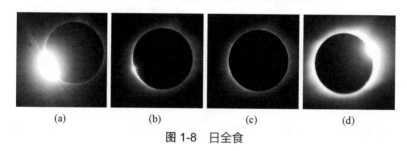

(a)　　　　　(b)　　　　　(c)　　　　　(d)

图1-8　日全食

　　日全食本身已经相当难得，而贝利珠现象更加难得。贝利珠是指在月球已经几乎完全挡住太阳光时，一部分太阳光从月球表面的高低变化的地形间穿过，形成珠状的光晕。由于月球表面地形复杂，并不是每次月全食发生时在所有观看地点都能看到贝利珠。幸运的是，笔者所在的观测地点出现了两次贝利珠，并且都被笔者拍了下来。

二、红外线的拍摄

　　红外线同可见光一样，都是一种电磁波，其波长大于可见光，通常人们无法用肉眼看到。在很多情况下，物体发出的红外线带有可见光不具备的很多信息。借助红外成像器材，我们可以看到很多有趣的现象。红外成像本身也有着广泛的实际应用。

1. 近红外光的拍摄

　　近红外光是指波长仅比可见光稍微长一点的电磁波，这个波长的电磁波已经超出了人眼的感受范围，但仍然可以被很多数字照相机的感光元件探测到。市场上的大部分数字照相机都可以拍摄到近红外光，笔者用一个数字照相机拍摄的电视遥控器的照片如图1-9所示。遥控器工作时发出的红外光人眼看不到，却可以用数字照相机拍摄下来。

图 1-9　遥控器发出的近红外光

　　很多读者都听说过红外光不能透过玻璃，但这种说法有些绝对化。事实上，有很多玻璃对于有些波长的红外光仍然是透明的，包括很多数字照相机的镜头。

　　大部分数字照相机使用的感光器件都可以感受到红外光，尤其是波长仅仅略长于可见光的近红外光。为了减少红外光的影响，很多数字照相机或摄像头的感光器件前都安置了红外滤光片，因此有些品牌的手机的主摄像头拍摄不到遥控器发出的红外光。不过，大部分产品中的红外滤光片并不能挡住所有红外光，因此大多数数字照相机都可以拍摄到遥控器发出的红外光。你可以自行对手边的不同品牌的手机和相机进行试验。

　　利用数字照相机的红外感光特性，我们可以在黑暗环境下拍摄很多有趣的照片。比如，笔者利用报废电子产品的遥控器中的红外发光二极管作为照明器件，在几乎无光的情况下拍摄的照片如图1-10所示。

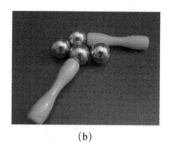

(a)　　　　　　　　　　　(b)

图 1-10　用红外发光二极管照明拍摄的物体（a）及在可见光下拍摄的物体（b）

由于红外发光二极管的亮度比较低，笔者拍摄这张照片时使用了比较大的光圈 2.8，曝光时间达到 20 秒。通过这几个物体在可见光下的照片，我们可以比较两种条件下显现信息的不同。

注意：红外发光二极管与可见光的发光二极管一样，不可以直接与电源连接，而必须用限流电阻与之相串联，笔者用的限流电阻约 100 欧姆。事实上，为了防止电阻上的耗散功率过大，产生过多热量，笔者使用了两个 50 欧姆的电阻与发光二极管串联。笔者使用的发光二极管正向电压降约 1 伏特，因此当外加总电压为 9 伏特左右时，二极管内流过的电流大约为 80 毫安。二极管流过的电流越大，其亮度越大。不过，在做这个实验时如果发光二极管不够亮，可以多用几个二极管，不要一味地提高电流，以免烧坏器件。

2. 远红外光的拍摄

我们通常使用的普通相机尽管可以拍摄红外光图像，但其灵敏度还不是很高，其感光的波长也基本上处于近红外光谱段。

近年来，市场上出现了红外相机，可以感受到人体或动物发出的波长比较长的红外光。该类产品既可以用于夜间安全监控，又可以用于夜间拍摄野生动物等。笔者利用红外相机拍摄的几张红外及可见光照片如图 1-11 所示。

| (a) | (b) | (c) | (d) |

图 1-11　用红外相机拍摄的红外与可见光照片

我们可以看出红外摄影可以获得不少可见光摄影中所没有的信息。比如，图 1-11（a）和图 1-11（b）是在黑暗环境下所拍摄的手，我们甚至可以看出手上不同部位温度的差异。拍摄时手是按在墙面上的，当手离开墙面后，可以拍摄到手指在墙面上留下的热印记。图 1-11（c）和图 1-11（d）分别是盛了热水茶杯的红外及可见光照片。

三、用录像单幅截图做运动学研究

运动学研究的是物体在空间中随着时间变化的位置变化，所以，我们需要同时对长度和时间进行测量，测量长度和时间的常用工具分别是尺子和秒表。现在，随着技术进步，数字照相机已经十分普及，我们可以非常方便地对任何运动物体拍摄录像，利用录像，我们可以测量物体在不同时间的空间位置，从中了解物体运动的性质，如速度和加速度等。

在这个实验中，我们利用拍摄录像的方法研究几个物体运动的例子。

我们首先拍摄一段物体自由落体的录像，其中几幅截图如图 1-12 所示。

拍摄这个录像时，最好使用能固定在三脚架上的数字照相机。如果使用手机，则要注意尽量选择比较明亮的光照条件。因为有的手机在光线比较暗的情况下，会自动降低每秒拍摄画面的数量，这会导致做时间测量变得很麻烦，所以，应该使用明亮的光照，使手机按固定的画面频率拍摄。通常照相机或手机的画面频率是每秒 30 帧，我们利用这个频率作为时间基准。

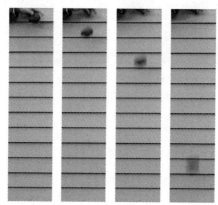

图 1-12　自由落体运动录像截图

为了测量距离，可以选择一些已知尺度的静止物体作为背景参照物，比如图中已知宽度的房屋外墙。如果需要拍摄二维运动，可以用方格图案作为背景。

自由落体运动是物体在地球引力的作用下飞向地心的运动。从理论上讲，万有引力的大小与两个物体间的距离有关，物体在低处受到的重力比在高处受到的重力要大。不过在地球表面，落体的运动距离与落体到地心的距离相比很小，因此重力加速度的相对变化很小。对通常的实验测量精度而言，物体的重力可以看成是常数。然而，物体下落的速度却不是常数，我们可以直观地看到，物体在下落时，速度是越来越快的。

由于物体所受的引力是常数，根据牛顿第二定律，物体的加速度应该是一个常数。我们在书中学过这个定律，那么，我们能不能通过实验来验证一下这个定律呢？换句话说，如果你出生在牛顿之前或相同的时代，你能不能通过努力自己发现这个定律呢？

当物体运动的加速度是常数时，速度随时间的一次方变化，位置随时间的二次方变化，写成公式就是（我们假定物体从静止状态开始运动）：

$$y = \frac{1}{2}gt^2 \tag{1-1}$$

所以，只要我们可以验证物体的位置与时间确实存在这样一个二次方的关系，就可以从一个角度验证牛顿第二定律。

1. 实验数据采集与初步分析

我们把拍摄的录像存入计算机，然后用软件一帧一帧地播放。首先将手松开让石头开始下落的那一瞬间的画面定为 0；然后测量石头所在的位置，我们将以画面中手下方的外墙横线作为位置的 0 点，则可以估计出石头的初始位置为-0.3。这里为了方便，使用外墙横线的间距作为长度单位。

我们把随后每幅截图中石头的位置测量出来，记录在表 1-1 中。石头在运动中的图像是模糊的，通过估计石头的中心来测量它的位置，在使用外墙横线的间距作为长度单位的情况下，将位置的精度记录到小数点后一位。把原始数据中录像的帧数乘以 1/30，得到以秒为单位的时间。把位置数据减去初始时刻的位置然后乘以外墙横线间隔的距离（0.102 米），就得到以米为单位的石头下降距离。用时间（t）和距离（y）分别作为横纵坐标，可以画出如图 1-13 所示的运动数据图像。同时把理论公式（$y=\frac{1}{2}gt^2$）的预测也一同画到图中，以此比较数据和理论。

表 1-1　实验数据

画面序号	以外墙横线间距为单位的石头所在的位置	t（秒）	y（米，测量值）	y（米，理论值）
0	−0.3	0.010	0	0
1	−0.3	0.043	0	0.009
2	0.0	0.077	0.030	0.029
3	0.3	0.110	0.061	0.059
4	0.7	0.143	0.102	0.101
5	1.2	0.177	0.152	0.153
6	1.8	0.210	0.213	0.216
7	2.5	0.243	0.284	0.290
8	3.4	0.277	0.376	0.375

续表

画面序号	以外墙横线间距为单位的石头所在的位置	t（秒）	y（米，测量值）	y（米，理论值）
9	4.4	0.310	0.478	0.471
10	5.5	0.343	0.589	0.578
11	6.8	0.377	0.721	0.695
12	8.0	0.410	0.843	0.824
13	9.5	0.443	0.996	0.963
14	11.0	0.477	1.148	1.113

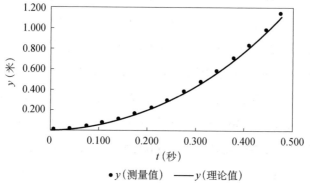

•y（测量值） ——y（理论值）

图 1-13　实验数据与理论模型的比较

　　从图上看，大家通常都会说，数据点与理论曲线基本吻合，也可以说，理论与实验的测量结果基本符合。不过，这个吻合或者符合究竟是什么意思呢？难道就是画出来看一看，就可以说吻合/符合或不吻合/不符合吗？在科学上吻合或符合有没有一个确切客观的定义呢？要想准确地回答这些问题是比较困难的，简单讲，理论模型是否符合实验数据，不是靠主观想象断定的。

2. 实验测量误差的初步知识

　　任何实验的测量结果与被测物理量的真实数值都存在误差，同一个物理量，重复测量多次，每次测到的结果可能不完全相同。而测量的数据与理论的预测相比也存在偏差，从图 1-13 中我们看到，测量数据点并不与理论的曲线精确地重合。这种偏差可能仅仅只是测量的误差造成的，但也完全有可能是理论需要修正。究竟理论是不是需要修正呢？主要看这种偏差与测量的误差相比是不是很显著。

在这个实验中，主要的误差来源是距离的测量，由于石头的影像在运动过程中是模糊的，所以我们很难精确地确定石头的位置。从实际测量看，测量的精度大约在 2 厘米。因此，只要理论值与测量值的差不显著地大于测量的误差，我们就可以认定，理论有比较高的概率仍然正确。

你可能会感到奇怪，我们做了实验，取得这么多数据，怎么连一个牛顿第二定律都无法确切地验证呢？的确，任何一个物理定律都不是靠单一一个实验来验证的，而是需要经过多种不同的实验，逐渐增加定律的可信程度。

3. 科学实验的一些基本要素

这个实验虽然简单，但它包含了科学实验的一些基本要素，我们对此做个总结。

第一，在实验的设计阶段，要选择一个合适的现象链，将被测的物理现象与我们的感官连接起来。我们虽然生活在地球的重力场中，虽然也能对外力造成物体加速有个定性的直觉，但要做定量的研究，就要选择一个合适的物理现象，如物体自由下落来研究。在物体落下的过程中，我们需要同时测量记录它的位置和时间的物理量，于是我们选择使用数字照相机拍摄录像。从这里，我们可以看到一个一系列物理现象组成的链条，物体运动这种现象导致光的亮度在空间随之改变，从而在相机里的感光器件上，通过数字化记录到一个录像文件中。这个链条最终连接到我们的感官，将信息输入我们的大脑中。

第二，我们要对实验条件进行适当的控制。比如，我们用石头做下落的物体，以减少空气阻力带来的影响。我们在光线明亮的环境下拍摄，以避免手机相机自动改变画幅频率。

第三，对获得的数据进行分析时，需要把数据可视化做出函数图来。

第四，实验的结果需要和理论的模型相对照，并且弄清楚二者之间的差异。其中，对测量误差的分析是必不可少的，在科学实验中测量误差与实验数据本身同等重要。

4. 关于自由落体的另一个实验

在前一个实验的基础上，可以再做一个非常经典的自由落体实验，即让两个重量不同的物体同时落下，实验录像的截图如图 1-14 所示。传说伽利略曾在比萨斜塔上做过这个实验，但很多历史学家并不认同这个传说。

    (a)   (b)   (c)   (d)   (e)

图 1-14　自由落体运动的录像截图与比萨斜塔

在我们没有学习物理学时，很多人在直觉上会认为重的物体降落得比较快，实际上这是空气阻力的作用给我们造成的错觉。如果两个物体都足够重，空气阻力对它们的作用在我们的实验精度下可以忽略不计，则它们落下同样一段距离所用的时间是一样的。如果我们继续深究这个实验现象背后的原因，会得到一个更深刻的物理意义，就是万有引力质量与惯性质量是等价的。

我们回到这个实验本身，图 1-14 中这两个石块并不是同时落地的，这个距离差由两个原因造成：首先，这两个石块的初始高度不同，这很容易看出来；其次，实验者两手放开石块的时刻稍微有些不同。

人的双手松开石块实际上是人脑的指令通过神经系统传导到肌肉执行，指令传导到两手肌肉执行指令的延迟时间可能是不同的，我们可以用这个方法测量这个时间差。假定两个石块开始下落的时刻分别是 t_1 和 t_2，则它们在时刻 t 的位置分别是

$$y_1 = \frac{1}{2}g\left(t-t_1\right)^2 \,, \quad y_2 = \frac{1}{2}g\left(t-t_2\right)^2 \tag{1-2}$$

由此可以得到它们之间的距离为

$$\begin{aligned} y_2 - y_1 &= \frac{1}{2}g\left(t-t_2\right)^2 - \frac{1}{2}g\left(t-t_1\right)^2 \\ &= \frac{1}{2}g\left[\left(t-t_2\right)+\left(t-t_1\right)\right]\left(t_2-t_1\right) \end{aligned} \tag{1-3}$$

可以看出，上式中（t_2-t_1）是两个石块开始下落的时间差，而方括号部分则随时间增加，用这种方法，我们可以将微小的时间差放大，测出两只手反应时间的差异。

四、手机摄像头的性能

现在的智能手机都配备了性能较好的摄像头，这使人们的生活方式发生了很大变化，很多人都有了随手拍照、记录日常生活的习惯。

手机照相机与传统照相机的性能有很大的不同，比如我们经常说"用照片记录下精彩的瞬间"，这句话对于胶片摄影是对的，对手机而言，在手机拍摄的照片中，不同的部位实际上记录的是物体在不同瞬间的光强。

我们在这个实验中，通过用手机拍摄一些照片，来猜测一下手机摄像头内部的信息收集方式。

1. 用手机拍摄运动物体

我们拍摄一个在镜头前水平运动的纸盒。要拍这张照片，应该在光线比较强的环境中，可以先启动连续拍摄功能，然后将纸盒从镜头前推过，以确保拍下纸盒的运动状态。

在图 1-15 中，纸盒从左向右运动，我们可以看出纸盒下部的影像比上部更向右一些，这是怎么回事呢？你可以进一步试验，把手机上下反转，看看拍摄出的纸盒是不是会出现相反的变形，上部靠右下部靠左。

图 1-15　从左向右运动的纸盒

我们再用手机拍摄自行车车轮，让车轮逆时针转动，本来是直线的辐条现在变得弯曲了，如图 1-16 所示。

图 1-16　转动的自行车车轮

手机摄像头与胶片相机的特性不同，胶片相机有快门，胶片上画面所有部位记录的是快门打开的同一瞬间，拍摄的运动物体不会有变形。

手机摄像头的像素是按照行列排布的，拍摄时，像素采集的图像光强信息是一行一行扫描传输到存储器件中的，如图 1-17 所示。从图中可以看出，像素传输出的信息是即时信息，也就是在扫描到像素所在这一行时的光强度。所以，拍摄运动中的纸盒时，画面中上部的像素信息先传出，这时纸盒位置比较靠左。当过了一段时间，摄像头传输画面下部信息时，纸盒已经向右运动了一段距离，它的影像就比较靠右了。因此，用手机相机拍摄到的画面，上部和下部显示的是不同瞬间的情景。如果注意观察普通相机与手机相机的闪光灯，会发现两者的不同：普通相机的闪光灯往往是气体放电灯，拍摄时发光的时间很短；而手机上的闪光灯实际上是发光二极管，拍摄时发光时间相当长。这样才能保证画面的上部和下部都能在有光照射的情况下采集到数据。

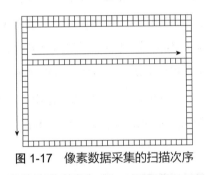

图 1-17　像素数据采集的扫描次序

2. 用手机拍摄频闪物体

在日光灯中，汞蒸汽在电场作用下发出紫外线，紫外线又激发灯管内壁的荧光粉发出可见光。我们的日常用电是交流电，其频率在中国是 50 赫兹，在北美是 60 赫兹。日光灯用交流电点亮，多少会有些闪烁，我们可以用手机拍摄出这个现象，如图 1-18 所示。当日光灯在 60 赫兹情况下使用时，每秒会闪烁 120 次（50 赫兹时闪烁 100 次）。图中暗的部分就是日光灯闪烁时短时熄灭的瞬间。

图 1-18　手机拍摄的双管荧光灯

　　手机的照相机通常会根据光强来调节摄像头的工作状况，我们拍摄这张照片时，需要调整手机到灯管的距离，使得光强适当，从而在取景屏幕上看到稳定的条纹。

　　我们可以用照片编辑软件打开拍摄到的日光灯的照片，测量一下两个条纹之间有多少行像素，从而估算扫描传输每行像素需要多少时间。注意照片中奇数和偶数条纹的宽度略有不同，这是由于照明用交流电的正半周和负半周的幅度有时可能会略有不同。照片中两个偶数条纹或奇数条纹间距的时间相当于交流电的一个完整周期，即 1/60 秒。利用手机照相机的这种特性，我们可以对可能产生频闪的光源做出品质的定性鉴定。如图 1-19 所示是笔者拍摄的另一种品牌的双管荧光灯。

图 1-19　手机拍摄的另一种品牌的双管荧光灯

　　我们看到，普通的双管荧光灯的两个灯管是一起闪烁的，这是因为它们连接在同一个交流电源上，交流电源同时达到 0，所以它们自然是同时变暗的。而第二种荧光灯的两个灯管使用了两种不同的镇流器。镇流器是一个电感线圈，而在交流电路中电感器可以看成是一个临时存储电能的器件，它可以把交流电能临时存储很短的一个时间，然后再放出来。如果我们能让两个镇流电路存储电能的时间不同，则两个灯管的亮暗时刻也可以有所不同。一个产品的两个灯管交替点亮，交替熄灭，我们肉眼感觉的频闪效应就会远远低于普通产品中两个灯管同时点亮与同时熄灭产生的频闪效应。由此可见，即使是像台灯这样的产品，也有不少改进性能、提高质量的空间。

3. 单图测速

手机拍摄运动物体造成形变，这本来是个缺点，但这个特性有时也有它的用处，比如我们拍到一个卡车的车厢如图 1-20 所示，通过照片显示的形变，我们可以估算出卡车的行驶速度。思考一下：如何估算呢？

图 1-20　运动中的卡车车厢

五、立体摄影

人的两只眼睛相距大约 6 厘米，因而两眼看到的景物略有差别，通过这种差别，人们可以获得周围环境的立体信息。

立体摄影技术的历史比较悠久，具体做法就是用两部照相机模拟人的两眼，拍摄两张照片，然后两只眼睛各看一张照片，就可以重现景物的立体感。

手机照相普及以后，拍摄和重现立体照片变得非常方便。除了静态的照片外，我们还可以拍摄立体录像。如果只用一部手机，也可以通过多次拍摄，得到静物的立体照片。在这个实验中，我们试验几种拍摄立体图像的方法。此外，我们还可以尝试用图形计算器生成立体图片。

1. 双手机拍摄立体图像

拍摄立体图像最直接的方法是用两部大小接近，最好是相同型号的手机，绑在一起同时拍摄，如图 1-21 所示。两个镜头的间距宜尽量接近 6 厘米。有人认为增加这个距离可以产生更强的立体感，你可以自己试验。根据笔者的试验，似乎还是按人眼间距 6 厘米左右拍摄出的立体图片显得更真实些。

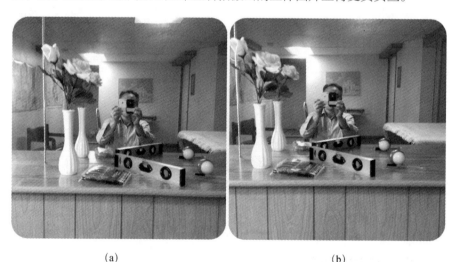

(a)   (b)

图 1-21　用两部手机拍摄立体照片的方法

同时按下两部手机的快门且不让手机震动，需要练习才能做到。比较简单的一个方法是用延时快门，而另一个更好的方法是用带音量控制键的耳机，对很多型号的手机而言，耳机线上的音量升高或降低键可以控制照相机的快门。这样按下快门时，手不碰触手机，可以确保拍下的图像清晰。

用两部手机还可以拍摄立体录像。拍摄立体录像最难掌握的技巧是让两部手机同时开始拍摄，此外，在观看时还必须保证两部手机同步播放。因此，如果能使用耳机线控制快门就很方便。

观看立体照片或录像，最简单的方法就是在两部手机上同时显示一对照片，用两眼分别去看。用裸眼直接观看的要领是两眼应尽量放松，使得两眼看到的两个画面逐渐重合。如果能左右手各拿一个小放大镜，眼睛挨近画面看，则会比较省力。如果希望把立体照片印刷出来，应注意选择合适的放大比例及两个画面的间距，确保印刷出的两个画面中心间隔大约为 6 厘米，太窄或太宽都会使观看者感到费力。

2. 单部手机拍摄静物的立体照片

用单部手机也可以拍摄静物的立体照片，方法是先在相当于左眼的位置上拍摄一张照片，然后向右移动 6 厘米再拍摄第二张照片，这样两张照片要用软件连成左右的联张图片，如图 1-22 所示。在手机的网上商店中，有时可以找到拍摄立体照片的应用程序（APP），使用起来更加方便。

单部手机拍摄立体照片这种方法的优点是：不需要特殊的硬件器具，任何时候都可以拍摄；缺点是：只能拍摄静物，如果被拍摄的物体移动了位置，观看照片时就会产生非常别扭的感觉。

用单部手机拍摄的立体照片可以通过虚拟现实技术用的头盔来观看。如果想用裸眼直接观看手机上的显示，由于很多手机的显示屏很小，因此需要调整照片的放大倍数，使得两个画面中心间隔大约 6 厘米。不难算出，显示屏宽度为 12 厘米时的手机用来显示立体照片最方便，显示时不需要特别调整放大倍数就可以达到要求的画面间距。

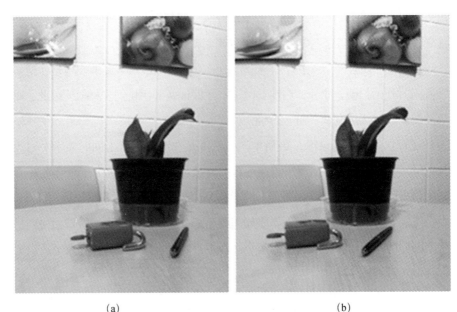

(a)   (b)

图 1-22　用单部手机拍摄的立体照片

3. 计算技术与立体图像

计算机硬件与软件技术的发展，使得我们可以方便地生成立体图像。虚拟现实就是这种利用计算机来生成立体图像的技术。该技术融合了很多学科的知识，具体实现中又需要非常繁杂的软件编程。不过，使观察者产生立体感的基本原理十分简单。我们这里利用图形计算器来生成一对简单的立体图，如图1-23 所示，通过这个实验来介绍这一原理。

在智能手机的网上商店，可以找到很多种图形计算器。笔者选用了一个背景为黑色、函数曲线显示比较粗的，以获得比较清晰的观看效果（我们对下面图中的背景重新调整了颜色，以便在黑白印刷条件下仍然可以获得清晰画面）。

在计算器中输入如下三个函数：

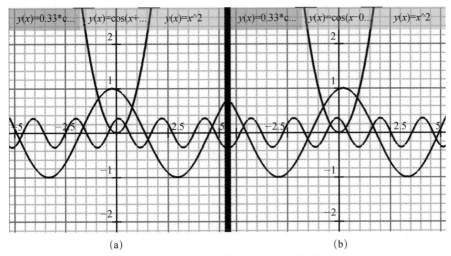

图 1-23 用图形计算器生成的立体图片

$$y=x^2 \tag{1-4}$$

$$y=\cos(x-d) \tag{1-5}$$

$$y=0.33 \times \cos(0.5 \times x+d) \tag{1-6}$$

其中，d 是一个参量，用来体现对应的函数偏离中心的位置。当生成左右两图时，这个参量取不同的数值，使得相应的函数偏移量改变，以此模拟人眼在三维空间看到物体的相对位置，这样就可以使观察者获得立体感了。

我们在生成左右两图时，分别选择了 $d=0.2$ 与 -0.2。可以看出，曲线（1-5）在图 1-23（a）中略微偏左，曲线（1-6）略微偏右，而在图 1-23（b）中，它们的位置偏移都反了过来。

通过裸眼或两个小放大镜观看，我们可以感觉到，三个曲线分别处在前、中、后三个平面之中。曲线（1-6）在前，曲线（1-4）及坐标格线在中间，曲线（1-5）在后。

事实上，除了位置偏移，还有很多其他的要素可以增强立体感。比如，相同物体近大远小的透视原理，位置不同的物体亮度的不同，乃至在相同光源照射下，不同位置物体产生的高光及阴影的不同，等等。这些绘画艺术中的技巧用计算机也完全可以生成。

实际上，仅仅通过运用这些绘画技巧，无论是手工绘制还是计算机生成，就可以产生相当震撼的立体感。

我们有时可以看到一种立体绘画作品，所有内容都是画在平面上。在现场时，由于我们使用两只眼睛观察，而两眼看到的同一物体并没有我们希望看到的差别，因此我们可以辨别出这是一幅平面绘画。但当我们把这幅绘画拍摄成照片后，由于无法使用双眼做出判断，我们获得的立体感反而更强了。

可以想象，如果利用计算技术，将几何位置变化与绘画技巧相结合，生成供左右眼观看的图像，观察者就会获得更真切的立体感。由此可见，如果能够同时学习一些艺术知识，对今后的实际工作会大有帮助。

六、慢动作录像的应用

近年来，很多数字照相机甚至很多智能手机，都具备了慢动作拍摄功能。通常数字录像的拍摄速度是 30 帧/秒，而慢动作录像常见的拍摄速度为 120 帧/秒或 240 帧/秒，也就是说，将普通录像中一个动作的时间拉长 4 倍或 8 倍。这样一来，很多不易观察的现象就可以看得比较清楚了。

1. 慢动作录像的性质

在数字照相机或智能手机中，要想增加拍摄的速度，意味着需要增加单位时间内的数据量。光线在每个像素生成了光强信息后，需要逐行逐点地读出，读出的数据需要经过处理单元进行压缩，压缩后的数据需要存入存储卡。这些环节的传输或处理速度最终制约了相机的拍摄速度。很多数字照相机或手机通常会在拍摄慢动作模式时选择比较低的画面像素数，原因就在这里。

因此，拍摄慢动作录像时，应该尽量将镜头推近，以获得比较清楚的拍摄效果。

另外，拍摄慢动作录像时，应该注意尽量在光线比较强的环境下拍摄。

2. 慢动作录像的应用实例

作为慢动作录像的一个应用实例，我们拍摄一段自来水从水龙头中滴出来的录像，这个录像是用 240 帧/秒的速度拍摄的，可以清晰地看到水滴生成的过程。水滴开始生成的情景如图 1-24 所示。

图 1-24　水滴在水龙头开始生成的情景

水与空气的界面存在表面张力，我们可以想象水的表面构成了一个口袋，将从水龙头缓缓挤出的水装在其中。当水龙头供应的水多到一定程度时，水滴就逐渐开始向下坠，如图 1-25 所示。

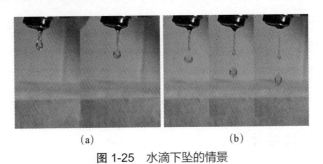

| (a) | (b) |

图 1-25　水滴下坠的情景

当水龙头口出来的水重量达到一定程度时，就会向下将水的"口袋"拉长。

"口袋"中的水在重力作用下向下部集中，使得下部胀大。另外，"口袋"中部变得相对比较细，而在曲率半径比较小的地方，表面张力对内部液体产生的压强也比较大，又使得这个部位变得更细，形成了一根水丝。与此同时，水龙头供应的水进一步通过这根水丝向下部补充水，使得下部继续变大，直至下部形成的水珠将水丝拉断。当水珠与水丝分离后，水珠开始下落，初始形状近似球形，而剩余的水丝又经历了一个很有趣的演化过程。在水珠分离后，由于表面张力的作用，水丝的底端迅速缩成一个圆头。但是这个动力过程相当复杂，剩余的水丝并不是缩成一根直径均匀的管子，而是开始出现粗细变化的分节。这种分节从下到上，最终演化成为 7~8 个小水珠。这些小水珠形成时，上部的水继续不断地向下供应，于是下部的水珠比上部的水珠要大。当这些水珠互相分离，开始下落后，可以看出它们分离时的初始速度是不同的。因此，这些水珠并不是保持互相独立地一直下落，而是在下落的过程中又互相粘连到一起，重新形成一些比较大的水珠。

七、用数字照片演示对称性质

对称性是物理学中的重要概念，物理学的很多基本原理，其根源都是对称性。此外，对称性是一个相当广泛的概念。尽管我们在初学物理或数学时，谈到对称性时总会用类似左右手的镜像对称现象作为例子，但在世界上存在的对称性要远远超过这些简单的现象。因此，我们有必要在学习物理的过程中，逐步地扩展对对称性的认识。

1. 函数的对称性

物理世界里存在的对称性包含（但不限于）函数的对称性。而对于函数，我们也不应把目光限于几个数学公式。事实上，函数也是一个相当广泛的概念。

数字图片实际上可以看成一种二维的函数，其自变量为 x 和 y 两个方向上的坐标，函数值是每个像素的亮度或颜色值。事实上，一张彩色图片是由三个函数，即红、绿、蓝三个颜色值随坐标的变化构成的。这里，我们利用一组照片演示函数对称性的一个重要定理。

对于一个函数，我们可以对其施加一种对称操作，使之成为一个新的函数。比如，对于二维函数 $f(x, y)$，常见的对称操作包括：

$$H(f(x, y)) = f(-x, y)，水平镜像 \qquad (1\text{-}7)$$

$$V(f(x, y)) = f(x, -y)，垂直镜像 \qquad (1\text{-}8)$$

$$R(f(x, y)) = f(-x, -y)，旋转半周 \qquad (1\text{-}9)$$

对于一张数字图片，经过这些操作，原始图片分别变成水平方向或垂直方向上的镜像，以及旋转半周。很多图片编辑软件都有这样的功能。

在这些对称操作中，不难看出 $R=VH$，也就是说，对照片先做水平，再做垂直方向上的镜像操作，最终效果等于将照片旋转 180 度。

我们上面介绍的对称操作，恰巧都是进行两次就会恢复原状的操作，比如连续在水平方向翻转两次，图片完全复原。不过，世界上存在的对称操作并不都是实施两次恢复原状，比如我们如果对照片旋转 90 度，则需要实施 4 次才会恢复原状。

我们将一幅照片经过前面谈到的旋转操作后得到的照片如图 1-26（b）所示。

(a)   (b)

图 1-26　原始照片（a）及其经过对称操作的结果（b）（书末附彩图）

2. 奇函数与偶函数的性质和对称与反对称图片

在数学中，我们学过偶函数和奇函数，它们实质上反映了一个函数在对称操作之下的对称性和反对称性。在二维空间，我们可以将偶函数（对称函数）f_S 与奇函数（反对称函数）f_A 分别定义为

$$f_S(-x, -y) = f_S(x, y) \quad\quad\quad (1\text{-}10)$$

$$f_A(-x, -y) = -f_A(x, y) \quad\quad\quad (1\text{-}11)$$

关于偶函数和奇函数，有一个非常重要的定理：任何函数都可以看成是一个偶函数和一个奇函数之和。也就是说，任何一个函数都包含了对称与反对称这两个成分。这个定理写成关系式就是：

$$f(x, y) = f_S(x, y) + f_A(x, y) \quad\quad\quad (1\text{-}12)$$

这个定理证明起来非常简单，我们只需要写出如下的恒等式：

$$f(x, y) = [f(x, y) + f(-x, -y)]/2 + [f(x, y) - f(-x, -y)]/2 \quad (1\text{-}13)$$

很显然，上式中的第一项是一个对称函数，而第二项是一个反对称函数。

$$f_S(x, y) = [f(x, y) + f(-x, -y)]/2 \quad\quad\quad (1\text{-}14)$$

$$f_A(x, y) = [f(x, y) - f(-x, -y)]/2 \quad\quad\quad (1\text{-}15)$$

笔者用 C 语言写了一个小程序，生成了一个对称图片和一个反对称图片，如图 1-27 所示。你也可以寻找合适的数字图片编辑软件，有一些软件允许用户将两张图片叠加，进行像素的逐个加减运算。

| (a) | (b) | (c) |

图 1-27 原始图片（a）、对称图片（b）和反对称图片（c）（书末附彩图）

图 1-27（b）很明显是对称图片，它是完全按照式（1-14）生成的，当我

们把图片旋转 180 度之后，所有像素的颜色或亮度不变。而如果我们把图 1-27
（c）旋转 180 度，则像素的颜色变成原来颜色的互补色，原来红房子位置上的
像素，颜色由红色变成青绿色。由于数字图片的每个像素的颜色值只能是 0 到
255 的正数，因此在生成反对称图片，对像素颜色值逐点相减时，软件对最后
的结果加了一个常数，以免像素的颜色值出现负数。这个常数相当于在式
（1-15）右边加了 128。

$$f_A(x, y) = 128 + [f(x, y) - f(-x, -y)]/2 \qquad (1-16)$$

那么，对于这样一组对称与反对称函数，能不能根据式（1-12）所给的定理恢
复原始函数呢？换句话说，如果我们将上面两张图片叠加，能不能得到原始照
片呢？使用软件将对称图片和反对称图片叠加，我们得到一组新图片，如图
1-28 所示。

(a)　　　　　　　　　　(b)　　　　　　　　　　(c)

图 1-28　对称图片和反对称图片不同比例与等比例叠加的结果（书末附彩图）

当我们将对称图片与反对称图片按照一定比例相加时，可以看到翻转的房
子逐渐抵消了。如果对称图片与反对称图片的比例精确地一致，可以将与原始
图片不同的部分完全抵消掉，完全恢复图片的原貌。

这里说明一下，反对称图片式（1-16）中存在的 128 这个常数，在与对称
图片式（1-15）相加时，我们将这个常数减了出去。

从这个实验中我们看到，图片实质上是一个二维函数。而我们在数学课上
学过的对函数的各种变换，都可以通过图片处理来实现。或者反过来说，我们
对图片进行的各种编辑，如美颜、瘦脸等，都是一种对二维函数所做的变换。

八、用数字照片测量物体的尺寸

当我们拍摄一个物体时，被拍摄物体的结构和形状通过成像和感光系统最终记录到数字照片上，而数字照片的像素坐标，为我们测量物体不同部位的几何尺寸提供了极大的便利，我们通过几个例子对利用数字照片进行测量的方法进行简单说明。

1. 利用单张照片测量二维尺寸

我们将一把小直尺贴在一幅画的镜框表面，然后拍摄照片，如图 1-29 所示，这张照片的总像素数为 3968×2976。

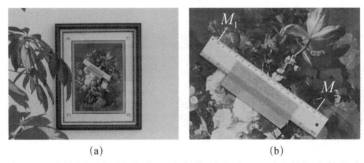

（a）　　　　　　　　　　　　（b）

图 1-29　通过单张照片测量物体尺寸（a）的实验和照片中的长度基准（b）

拍摄照片时，要注意照相机与物体要尽量离得远一些，尽量对准物体中心，使得物体四个角到照相机镜头的距离尽可能一致。照片拍好后，用计算机的照片编辑软件可以找到图中各个点的坐标，以此计算出各点之间的距离。我们首先找到直尺上的 1 厘米和 16 厘米处，即 M_1 和 M_2 两点的坐标。这两点的横坐标与纵坐标分别是（1846，1165）和（2349，1517）。坐标系的原点在照片的左上角，坐标值的单位是像素（px）。显然，两个点之间的距离为

$$L_{21} = \sqrt{\left(x_2 - x_1\right)^2 + \left(y_2 - y_1\right)^2} \tag{1-17}$$

由此计算出两点间距离为 614 像素。由于已知两点间距为 150 毫米，因而可以

得到，在这张照片中，像素与毫米之间的换算系数为 0.244 毫米/像素。我们将整个计算过程中的结果在表 1-2 中列出。

表 1-2　测量与计算结果

	x	y	L（像素）	L（毫米）	毫米/像素
M_1	1846	1165			
M_2	2349	1517	614	150	0.2443
					A（°）
P_0	1489	737			
P_1	2736	727	1247	305	90.2
P_2	2744	2393	1666	407	90.0
P_3	1504	2398	1240	303	89.7
P_0	1489	737	1661	406	

我们进一步在照片中找出希望测量的几个点的坐标，比如镜框里内框的四个外角 P_0、P_1、P_2 和 P_3。有了这些坐标，就可以很方便地计算出它们之间的距离，结果见表 1-2。经过测量，我们知道镜框里内框矩形边长大约为 304 毫米和 406 毫米，结果与用直尺直接测量相符。

利用照片上的坐标，我们甚至可以校验矩形的四个角是不是直角，计算的公式为

$$\cos\theta = \frac{(x_2 - x_1)(x_1 - x_0) + (y_2 - y_1)(y_1 - y_0)}{\sqrt{(x_2 - x_1)^2 + (y_2 - y_1)^2}\sqrt{(x_1 - x_0)^2 + (y_1 - y_0)^2}} \qquad (1\text{-}18)$$

其中，θ 为 P_2 与 P_1 和 P_1 与 P_0 两个线段之间的夹角。可以看出，这几个角与直角之间存在很小的差距。

如果我们从很远的地方拍摄一座新建的高楼，使用类似的方法，就可以方便地对新建筑的质量做出粗略的评估。比如，我们可以估计出各个结构部件的尺寸是否正确，各个相互垂直的线条之间与 90 度之间的差异是否在可接受范围内，等等。

2. 利用单张照片测量距离

通过数字摄影技术，我们可以非常方便地计算出被拍摄物体到照相机的距

离。比如，我们将照相机镜头的焦长（放大倍数）拉到最大，拍摄月球，然后用相同的倍数拍摄直径为 24 厘米、距离为 24 米远的篮球，如图 1-30 所示。

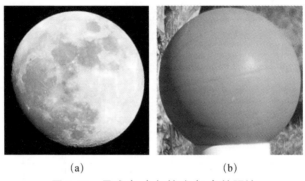

（a）　　　　　　　　　　　　（b）

图 1-30 月球（a）与篮球（b）的照片

我们拍摄到的篮球在照片上的直径为 698 像素，由此可得每个像素对应的张角（单位为弧度）：

$$\Delta\theta=（0.24/24）/698=1.43 \times 10^{-5} \tag{1-19}$$

月球在照片上的直径为 659 像素。如果月球的直径为 d，到观察者的距离为 D，则有

$$d/D=659 \times \Delta\theta=0.0094 \tag{1-20}$$

或者 D/d=106。也就是说，月球当时到拍摄者的距离大约是其直径的 106 倍。通过查资料我们知道，月球直径为 3474 千米，月球离地球最近与最远的距离分别为 356 400 千米与 406 700 千米，相当于月球直径的 102.6～117.1 倍。我们的测量结果与专业天文观测的结果相符。

用同样方法可以在地面上测定物体的距离，比如，笔者在两个不同距离，用与前面实验中相同的放大倍数拍摄了同一辆自行车，如图 1-31 所示。

自行车车轮的外径为 0.64 米，在两张照片上测得的直径分别为 517 像素和 182 像素。不难算出，两张照片拍摄距离分别为车轮外径的 135 倍和 385 倍，即约 87 米和 246 米。

（a）　　　　　　　　　　　（b）

图 1-31　在不同距离拍摄到的自行车

3. 基于两张照片的测量方法

前面介绍的利用单张照片的测量方法只能用于测量远距离物体的二维尺寸，最多在存在已知横向尺寸参照物时，可以测量参照物到观测者的距离。

要想测量近距离物体的三维尺寸，就需要使用多张照片。在很多情况下，只需要两张照片就可以获得足够的物体位置信息，作为一个实例，笔者做的一个实验如图 1-32 所示。

图 1-32　用两张照片获取空间位置信息的实验

在这个实验中，我们让手机在不同位置，紧贴着一把固定的直尺拍摄两张照片，可以用两部同型号的手机拍摄，也可以用一部手机在不同位置依次拍摄。拍摄时，手机的相对位置可以根据具体需要选定。对于桌面静物，手机的间距在 10 厘米左右即可，但如果希望拍摄室外的景物，可以考虑将两部手机捆绑在 1 米左右长的直尺上。这个实验装置与前面谈到的立体照片的拍摄方法很接近，只不过这里手机的间距不再限定为接近人眼的间距，即 6 厘米，而是可以根据测量需要尽量选得大一些。

实验中实际拍摄到的两张照片如图 1-33 所示，拍摄时两部手机间距为 10.2 厘米，照片像素数为 3264×2448。从照片中不难看出物体之间的相对位置发生了变化，如果通过两个小放大镜，用两眼分别观看这两张照片，我们甚至可以获得一定的立体感。只不过由于拍摄时手机间距远大于两眼间距，所以直接用两眼观看可能会使人感觉不适。

(a)   (b)

图 1-33　实验中拍摄的两张照片

要想测定照片中每个物体的位置，首先需要测定每个目标点在两张照片中的像素坐标。通过这些像素坐标，可以换算出目标点相对照相镜头的角度，而一旦我们知道目标点相对两个相机镜头的角度后，就能很容易计算出它的空间坐标。下面我们就按照这样一个步骤，测定照片中各个物体的空间坐标。

为了简化问题，我们只讨论横向（x）和深度（z）这两个维度的坐标计算，这两个坐标计算出来后，第三个维度的坐标值也可以比较容易地计算出来。

在这个实验中，照相手机 A、B 与某一被测目标点 P 的相对位置如图 1-34 所示。

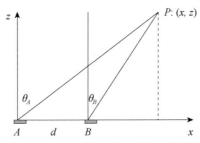

图 1-34　目标点与照相机的相对位置

不难推出，目标点的坐标 x、z 与两个手机的观测角 θ_A 与 θ_B 之间存在如下关系：

$$z = \frac{d}{\tan\theta_A - \tan\theta_B} \qquad (1\text{-}21)$$

$$x = z\tan\theta_A = \frac{d\tan\theta_A}{\tan\theta_A - \tan\theta_B} \qquad (1\text{-}22)$$

而观测角 θ_A 或 θ_B 与照片上测得的目标点的横向坐标 x_A 或 x_B（单位为像素）之间的换算关系，我们采用如下的简化模型：

$$\frac{x_{A,B} - w/2}{l} = \tan\theta_{A,B} \qquad (1\text{-}23)$$

其中，w 是照片的横向像素数，在这个实验中为 3264，照片文件的像素坐标是以照片的左上角为原点的，而我们定义的观测角是以照片的正中为 0 度位置的。式中，l 是一个常数，这个常数可以通过拍摄已知距离平面上已知间距的物体来测定。比如，在上面照片中，我们将手机到墙面的距离设定为 60 厘米，而墙上瓷砖缝隙的间距为 11 厘米。在照片上，瓷砖缝隙的平均间距为 573 像素，由此可以标定出常数 l 为 3125 像素。

请注意，虽然这里将常数标定与未知目标点位置测量放在同一对照片中进行，但实际应用中这两个步骤完全可以分开。也就是说，一旦照相机的放大倍数确定，被摄照片中完全不必存在已知尺寸的参照物。

我们利用照片编辑软件实际测定了两张照片中一些目标点的横向坐标 x_A 或 x_B（单位为像素），测量数据见表 1-3。

表 1-3　测量数据及计算结果

	x_A	x_B	t_A	t_B	x（厘米）	z（厘米）
W_1	2810	2188	0.38	0.18	19.2	51.0
W_2	2522	1808	0.28	0.06	12.7	44.5
W_3	2202	1391	0.18	−0.08	7.1	39.1
W_4	1868	979	0.08	−0.21	2.7	35.7
W_5	1473	485	−0.05	−0.37	−1.6	32.1
R_1	2672	1582	0.33	−0.02	9.7	29.1
Y_1	1044	406	−0.19	−0.39	−9.4	49.8
S_{00}	962	431	−0.21	−0.38	−12.8	59.8
S_{11}	1541	1014	−0.03	−0.20	−1.8	60.2
S_{22}	2113	1587	0.15	−0.01	9.3	60.4
S_{33}	2688	2156	0.34	0.17	20.2	59.7
S_{44}	3250	2726	0.52	0.35	31.4	60.6

表中的目标点：W_1 到 W_5 依次为从大到小的 5 个套娃，R_1 为红色笔，Y_1 为黄色笔，而 S_{00} 到 S_{44} 为背景墙面上瓷砖的接缝，我们前面用到这些接缝来标定照相机的放大倍数，在这里，我们将这些接缝视为未知的目标点，以此验证我们的计算结果。

我们将根据式（1-23）计算出的 $\tan\theta_A$ 与 $\tan\theta_B$ 在表中简写为 t_A 与 t_B，由此可以进一步根据式（1-21）和式（1-22）算出目标点的坐标 x 与 z。这样，由此重建的这些目标点在空间的位置如图 1-35 所示。图中，各个物体的相对位置与它们的实际位置相符，而瓷砖的接缝都处于 z=60 厘米左右，它们之间的间距也都接近 11 厘米。

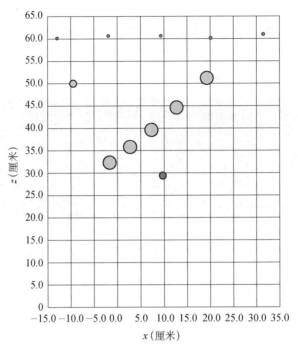

图 1-35　目标点空间位置重建结果

4. 基于任意照片的测量方法

我们前面谈过，在两个照相机的位置与方向是已知的前提下，通过测量每个目标点在两张照片上的像素坐标值，可以计算出目标点的三维坐标。这种测量方法需要两个照相机处于已知的间距和拍摄方向，这就需要使用专门制作的拍摄支架。如果我们使用的照片是随手拍摄的，则照相机的位置与方向都成了未知数。假如拍摄不同照片时，摄影师调整了焦长，则照片的放大倍数也是未知的，这样就多了 7 个未知数（相机位置 3 个，拍摄方向 3 个，放大倍数 1 个），则原有的简单算法便不再成立。事实上，如果相机之间的间距成了未知数，照片中又没有已知尺寸的物体，则我们无论如何也不可能测出任何点之间的绝对距离。不过，即使照片是随意拍摄的，只要是在若干个从不同角度拍摄的，通常情况下，我们仍然可以获得画面上不同目标点的相对位置信息，如图 1-36

所示。单看图 1-36（b），我们很难判断老虎是不是真的。不过当我们将两张照片结合在一起观察，就可以感觉出老虎的耳朵、眼睛、胡须其实都在一个平面上，只有老虎"叼"的物体是突出到纸面之外的。

(a)   (b)

图 1-36　通过任意照片判断物体空间位置的例子

我们的观察判断过程实际上是利用我们的大脑，运行了一个非常有实用价值的算法，就是 4 个或更多点是否处于同一个平面上。这个结果也可以通过测量老虎的耳朵、眼睛、胡须等目标点的坐标，利用计算机算出来。尽管由于我们没有长度标准，无法算出老虎两耳或两眼之间的真实距离，但算出它们的相对位置关系就已经非常有用了。

类似的空间相对位置关系还包括：空间 3 个或更多点是否共线，空间 4 个或更多点是否同圆，等等。对于随意拍摄的照片，这类算法虽然比较繁杂，其中的道理却很简单。有兴趣的读者可以查阅相关的资料了解更多的信息。

扫一扫，观看相关实验视频。

第二章　手机中的传感器

很多品牌型号的智能手机（平板电脑）中都装备了多种传感器，如加速度计、角速度计（陀螺仪）、磁场强度计（罗盘）等，有些还装备了气压计等。本书中有很多实验会用到这些传感器。本章中，我们主要试验加速度计、角速度计、磁场强度计、压强计和光强计等传感器的功能。本书中还会介绍一些实验中用到智能手机（平板电脑）的其他功能，会在需要用到这些功能的地方单独介绍。

如果有条件，可以选用退役的智能手机（平板电脑），把其中各种重要信息和支付功能全部清除，就可以进一步保障使用安全。

> ☞ **安全提示：** 实验所用的 APP 要从正规的网站下载，以免手机感染病毒。实验中，可以将手机的联网功能关闭，以免误触启动随 APP 推送的广告。

一、手机加速度计的初步研究

几乎所有智能手机（平板电脑）中都有加速度计。加速度计最常见的应用是测定重力的方向，比如，当我们将手机屏幕从横幅旋转为竖幅时，手机的显示也可以根据重力的方向相应旋转。

加速度计是一片微机械与微电子芯片，其中包含一块具有已知质量的物体，加速度计在本质上测定的是这块物体与芯片外壳之间的作用力。这个力可以是地球引力带来的，也可以是芯片外壳的加速运动造成的。芯片内的物体之所以会随着外壳做加速运动，原因就是受到了外壳的作用力。器件将这个力转换成为电压量，并将电压量数字化，不断地传输到手机的微处理器。这个实时数据可供专门设计的 APP 读取，然后显示或作图。

1. 下载安装 APP

在智能手机 APP 商店中，输入关键词"加速度计"或"accelerometer"，就可以找到很多可以使用内置加速度测量芯片的 APP，从中挑选可以自动作图的。笔者用的是一款名为"sensor kinetic"的 APP。

2. 观察走路的冲击

使用加速度计，我们可以看到不少平时不易察觉的信息。比如走路时，身上携带的手机会感受到很大的冲击，如图 2-1 所示（我们对本章的显示截图重新调整了颜色，以便在黑白印刷条件下仍然可以获得清晰画面）。有很多监测健康的软件就是通过测量这种加速运动来获得手机携带者每天走路的步数、走路在一天中各个时间段中所占比例等信息，从而对手机携带者的健康状况做出粗略评估。

图中有三条曲线，分别代表三个方向的加速度分量。其中灰色为 x 轴，即手机竖立时的左右方向；浅灰色为 y 轴，是手机的长边方向；深灰色是 z 轴，是手机的厚度方向。不同型号的手机在不同的 APP 中坐标轴的定义和颜色可能不同，只要把手机朝不同方向往返反转，就可以根据地球重力的方向确认图中的方向定义。

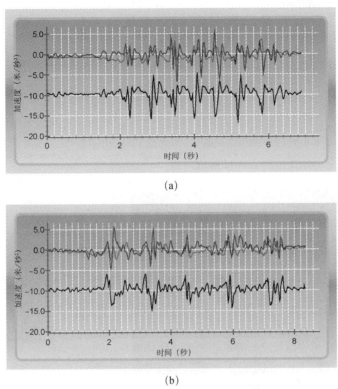

(a)

(b)

图 2-1　正常行走时（a）和跛脚行走时（b）手机感受到的冲击①

在做这个实验时，手机是水平向上的，因此我们看到 z 分量测到的主要是重力，数值在 9.8 米/秒 ^{2} 左右。在走每一步脚落地时，都有一个较大的冲击，测到的加速度比重力加速度高 20%~30%，或者说超重 20%~30%。我们还可以看到 x 与 y 分量，分别是走路时前进的方向与侧面方向。二者都有比较大的波动，这是由于人在走路时，身体不是匀速向前，而是时快时慢的，同时还会左右晃动。

此外，我们还可以看出，正常行走与跛脚行走时，手机测到的频率与波形是不同的。除了跛脚这种比较极端的情况，人体的其他很多疾患，如肌肉拉伤、酸痛、关节炎等，也有可能反映到走路的运动状态上。

---

① 为了便于读者理解，本书出版时将APP等软件界面中的部分外文译为了中文。

3. 观察自行车轮旋转时的加速度

智能手机上集成了加速度计，因而可以方便地与其他物体连接，测量所在位置的加速度。我们把手机捆绑在自行车车轮上，测定自行车车轮转动时的加速度，实验装置如图 2-2 所示。做这个实验时，先将手机上的加速度计启动，然后让自行车车轮缓缓转动，随后让车轮适当转动得快一些，这时加速度计上会测量到重力加速度与向心加速度所合成的总加速度。

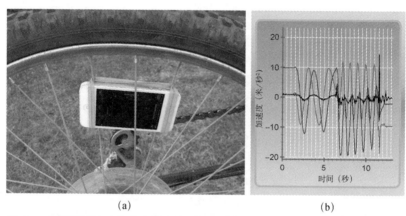

(a)　　　　　　　　　　　　　　(b)

图 2-2　手机捆绑在自行车车轮上的情形和自行车车轮转动过程中测得的加速度

☞ 安全提示：做这个实验时务必十分小心，车轮不要转动得过快，且人要离车轮远一些，以防手机弹出伤到自己。

在图中，我们可以看到三个方向上的加速度，手机的长轴（y 轴）方向在图中显示为浅灰色曲线，短轴（x 轴）为中灰色，而厚度方向（z 轴）为深灰色。在这个实验中，z 方向的加速度基本为 0，只是在用手碰触车轮时，可以看到几个冲击。而当车轮缓缓转动时，x 与 y 方向上受到重力的交替作用，看上去是两组正弦曲线，相位相差 90 度。随后当车轮转速加快之后，我们看到曲线变得密集了。同时，中灰色曲线整体偏向下方。这是由于车轮转动时，沿着手机短轴方向的向心加速度加了进来。根据手机所在位置的半径及车轮的转速，即可计算出向心加速度的数值，而这个数值便是曲线向下的偏移量。从图 2-2 中，我们还可以看到由于车轮转速变低，曲线的偏移量逐渐变小。

二、失重现象

宇航员在飞船中会体验到失重，我们在地球上也可以制造短时的失重环境。失重并不是地球引力消失了，在飞船或其他失重环境中，所有物体仍然受到地球的引力，只不过所有的物体都在地球引力作用下做相同的加速运动，这样，这些物体之间原本存在的作用力变成了 0，就像重力消失了一样。比如，一个苹果放在桌子上本来对桌子是有压力的，如果桌子和苹果同时自由下落，则苹果对桌子的压力变成了 0。

在这个实验中，我们用手机中的加速度计观察物体下落时的失重现象，还会研究失重状态下的浮力。

1. 加速度计测得的失重现象

我们先看一下手机在自由下落情况下的失重现象。笔者是在软床垫上空做的实验，实验过程如图 2-3 所示。

> ☞ **安全提示**：做这个实验时要做好充分的保护措施，尽量在软床垫上空做，动作也不要过猛，避免把手机摔坏。

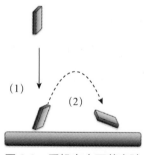

图 2-3　手机自由下落实验

把手机举到离床垫 1～1.5 米的空中，启动手机里的加速度 APP，随后让手机自由下落。手机落到床垫上后，将 APP 停止，加速度计记录下了如图 2-4（a）所示的曲线。

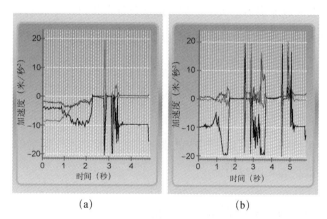

（a）　　　　　　　　　（b）

图 2-4　手机自由下落过程中测得的加速度（a）和手机抛起落下过程中的加速度（b）

不难算出，如果手机到床垫的距离是 1.25 米，则下落所需要的时间是 0.5 秒左右。从图 2-4 中可以看到，在手机落下的这段时间里，加速度计测到的三个分量都是 0，也就是说，由于手机内所有物体都在重力的作用下做相同的加速运动，因此它们之间没有任何作用力，就像所有物体的重量都消失了一样。

非常有趣的是，我们可以看到手机落到床垫上后，经历了一个瞬间加速度很大的冲击，随后又有大约 0.2 秒失重的时间段。这是由于手机落到床垫上后，又弹起来大约 5 厘米。不难算出，物体向上反弹 5 厘米到达最高点，需要的时间大约是 0.1 秒，而物体回落 5 厘米又需要 0.1 秒，两个过程合起来共 0.2 秒。

物体在地球表面上无论是在自由上升还是自由下落，它的加速度都等于重力加速度。因此，无论是在上升段还是在下降段，物体都处于失重状态。为了验证这点，我们把手机向上抛起，观察其落到床垫上。在图 2-4（b）中，我们共进行了两次抛起落下的过程。我们首先注意到，图中每次抛起时的失重状态都变长了，达到 0.8 秒左右。如果单纯让手机下落，需要把手机放到 3.2 米的高度，才能得到 0.8 秒的下落时间。但如果将手机抛起落下，则只需要上升下降各 0.4 秒，距离只要 0.8 米。

充分利用物体上升和下降两个时间段来延长失重状态的时间，对于用飞机产生失重环境训练宇航员很有价值。比如，我们想获得 10 秒的失重时间，只需要飞机下落 500 米即可实现；如果想获得 20 秒的失重时间，就要下落 2000 米。如果真的下降 2000 米，再加上其他的调整，飞机就需要在更大的高度差之间完成各种飞行动作，难度非常大。

因此，在真正的失重实验飞行中，飞机的飞行轨迹如同波浪，高度在 6000～9000 米，失重发生在飞行轨迹顶部，历时大约 22 秒，中间既有爬升也有下降。为了实现这一段时间的失重，飞机要在此之前与之后各做 20 秒左右的调整飞行，其间又会经历不同程度的过载。

2. 失重状态下的浮力

我们知道，一个物体在水中受到的浮力等于它排开的水的重量。那么，在失重环境中，水没有重量，浮力是不是也应该消失了呢？我们通过下面这个实验来观察这个现象。

我们把一个塑料瓶装满水，然后用塑料管做一个浮标。为了能看清楚浮标的位置，我们在浮标中塞一些彩色的泡沫塑料，这个浮标通常会浮出水面，如

图 2-5（a）所示。我们用右手拿住瓶口，左手将浮标按在水中，如图 2-5（b）所示。把瓶子举到高处，松开右手，这时瓶子开始自由下落，浮标也不再被继续按在水中了。实验情景如图 2-5（c）、（d）所示。如果浮力仍然存在，浮标就会飞出瓶口。然而实际上，在瓶子下落过程中，浮标一直留在水里，直到瓶子落地后才会出来（往往是被瓶子里冲出来的水带到瓶外）。由此可见，在失重状态下，水的浮力也随之消失了。

（a）   （b）   （c）   （d）

图 2-5　自由落体中的浮力实验

3. 部分失重现象

当物体自由下落时，它处于一种完全失重的环境，这时加速度计测量到的所有三个加速度分量都是 0。除了完全失重状态，物体有时会在某些运动中处于部分失重状态，这时加速度的三个分量中有一个或两个处于 0。我们通过下面的实验来观察这个现象。

将一部手机悬挂起来，做成一个单摆，注意要悬挂得对称，使悬挂线与手机的长轴一致，如图 2-6 所示。

笔者做这个实验时，悬挂线用的是手机的数据线，这样可以在计算机上将手机的屏幕显示实时录制视频。如果你也想用数据线做悬挂线，注意不要让手机甩动得太厉害，防止手机与数据线脱开摔坏。

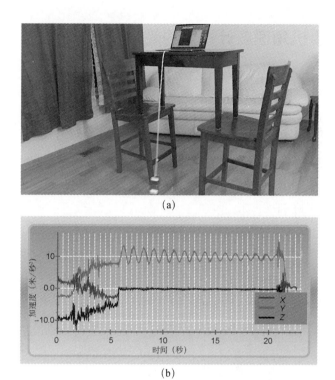

(a)

(b)

图 2-6　部分失重实验

在手机上启动加速度计，然后让手机自由摆动，加速度计就可以记录下手机在整个运动过程中加速度的三个分量。当手机自由摆动时，加速度的两个横向分量，即 x 分量（沿着手机的短边方向）与 z 分量（沿着手机的厚度方向），都变成了 0。而在 y 分量上（沿着手机的长边方向）则记录下了周期性的波动。这种波动由两个原因引起，当手机摆动到最低点时，一方面，重力的方向与 y 轴重合，重力的贡献达到最大；另一方面，这时手机速度最大，手机内部器件之间的离心力达到最大，离心力与重力相叠加。此外，我们还可以看到单摆的一个重要性质，即自由摆动的振幅可以不断衰减，但其摆动的周期几乎没有变化。

三、手机角速度计性质的简单观察

物体转动的快慢程度可以用角速度来衡量，角速度在数值上等于单位时间内物体转动过的角度。通常角速度的单位是弧度／秒（rad/s）。比如，一个车轮每秒钟转动一圈，则它的角速度为 2π/s。近年来多数品牌的手机都安装了角速度计，我们可以用角速度计做很多有趣的实验。

1. 角速度计

有的厂商将角速度计称为陀螺仪，事实上，手机中使用的芯片中并没有陀螺，这类芯片也是一种微机械微电子芯片。不过由于历史原因，这类测定物体旋转的惯性传感器都被称为陀螺仪。

在智能手机 APP 商店中，输入关键词"陀螺仪"或"gyroscope"，就能找到很多可以使用内置角速度测量芯片的 APP，从中挑选可以自动作图的。笔者用的是一款名为"sensor kinetic"的 APP。

我们比较容易理解角速度是有大小的，但事实上角速度也有方向。物体转动时，在任意瞬间都会有一个旋转轴，这个轴的方向就是角速度的方向。由于角速度同加速度、磁场强度等也有方向，手机中传感器也是同时测量它在 x、y、z 三个轴向上的分量的。比如，当手机绕着长度轴转动时，角速度的方向是沿着 y 轴的。

2. 实验观察

我们做一个简单的实验来了解角速度计的工作原理。实验装置如图 2-7（a）所示，用一个比较深的瓷碗漂浮在水面上作为手机稳定转动的平台。

┌──┐
│ 📨 **安全提示**：做这个实验时，为了避免手机落水损坏，可以将手机用保 │
│ 鲜膜包起来放在瓷碗中，且尽可能水平放置。 │
└──┘

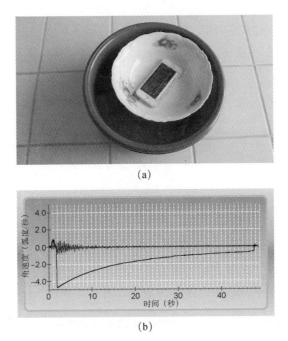

(a)

(b)

图2-7　角速度计性质简单观察实验装置（a）和角速度计的记录（b）

　　启动手机的角速度计，然后轻轻推动瓷碗旋转。转动瓷碗的动作要尽可能稳，尽量减少瓷碗晃动。让瓷碗由惯性继续旋转几周，然后手指接触边缘使其停止转动，让手机的 APP 停止记录。我们得到如图 2-7（b）所示的曲线。可以看到，当瓷碗开始旋转后，角速度计记录下 z 轴方向上的角速度，而其他两个分量基本为 0。由于水的阻力，瓷碗旋转的角速度逐渐变慢，从图中也能看出这点。

四、用手机磁强计观察磁铁周围的磁场

　　近些年来，很多型号的智能手机（平板电脑）中都装备了磁场强度计（罗盘）等，在这个实验中，我们主要试验这种传感器的功能。

在智能手机 APP 商店中，输入关键词"磁强计"或"magnetometer"，就能找到很多可以使用内置磁强计测量芯片的 APP，从中挑选可以自动作图的。笔者用的是一款名为"sensor kinetic"的 APP。

磁场强度是一个既有大小又有方向的物理量，因此，磁强计需要同时测量 x、y、z 三个轴向上的分量。通常这三个轴向与手机的横向、纵向及厚度三个方向一致。

1. 磁铁靠近手机时的磁场变化及电流产生的磁场

启动磁强计之后，手持小磁铁从手机附近移过，就可以记录到如图 2-8（a）所示的曲线。由于小磁铁周围的磁场有一定形状，磁力线是弯曲的，当它移过手机附近时，x、y、z 三个分量都能测到磁场变化，但不一定同时达到极大值。当磁铁移近之前和移远之后，三个磁场分量并不全是 0，在这种情况下，磁强计测到的是地球的磁场，总值大约是 50 微特斯拉。

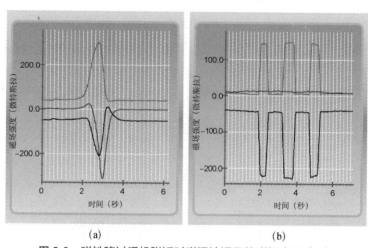

（a）　　　　　　　　　　（b）

**图 2-8　磁铁移过手机附近时磁强计记录的磁场变化（a）
和电流所产生的磁场变化（b）**

做这个实验时，可以将手中的磁铁翻转改变方向，也可以从不同的方向与位置扫过手机附近。比较在这些不同的情况下磁强计三个分量变化曲线的不同。

注意：不要用太强的磁铁，也不要让磁铁贴近手机，以免将手机内可能含铁或含镍的零件磁化，造成磁强计的永久误差。

如果我们把一段导线绕在手机上，启动磁强计，然后把导线两端短时间地接触电池两端，就可以记录到如图 2-8（b）所示的曲线，由此可以看到电流产生磁场的现象。由于导线是横着绕在手机上的，电流是沿着 x 轴方向流过导线，因此产生的磁场没有 x 分量。在这种情况下，我们几乎是把电池两端短路，导线中的电流很大，所以最好能用旧电池。旧电池的内部电阻比新电池要大，因而短路电流会小些。同时，注意不要让电路持续接通太长时间。

2. 地球周围的磁场

地球周围存在磁场，测量这个磁场的方向就可以大致知道地理的南北方向，这是指南针原理的基础。手机上的磁强计可以测定磁场在手机坐标系中 x、y、z 三个分量的数值与正负号。利用这些信息，人们可以开发出手机的指南针 APP。

这里，我们使用前面介绍的测量角速度的实验装置，即在水盆中漂浮一个瓷碗来测量地球磁场。实验装置及测量结果如图 2-9 所示。这个实验装置是用一个比较深的瓷碗漂浮在水面上作为手机稳定转动的平台。启动磁强计的 APP，然后缓慢转动瓷碗。瓷碗转动几周后，让瓷碗停止，然后停止 APP 采样，这样我们可以得到磁场分量变化曲线。可以看到，地球的磁场在 x 和 y 两个分量呈现出交替的两条正弦曲线。此外，由于瓷碗的转速变慢，两条正弦曲线的周期也逐渐变长。如果手机放置得完全水平，那么磁场的 z 分量应该是一个恒定值。在实际实验中，手机不完全水平，同时瓷碗在转动时有些晃动，就使得 z 分量也呈现出一些变化。

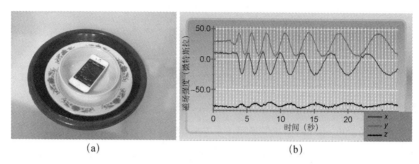

图 2-9　测量地球磁场的实验装置（a）和磁强计的测量结果（b）

> **安全提示**：做这个实验时，为了避免手机落水损坏，可以将手机用保鲜膜包起来，并尽可能水平放置。

如果在空旷的室外用磁强计来测量地球磁场的强度，在地球上大多数地区都会得到 50 微特斯拉左右的磁场强度。而在建筑物之中，混凝土中的钢筋、各种钢铁构件都会影响磁场的分布。从图中可以看到，仅仅磁场强度的 z 分量就达到 75 微特斯拉量级，这是由于这个实验是在一个铁制的水盆里做的。

另外需要提醒注意的是，地球表面的磁场并不仅仅只有水平分量，也就是说，并不仅仅是在南北方向上。事实上，垂直方向上的磁场分量也相当显著，当手机水平放置时，我们可以测量到不小的 z 分量。图 2-9 本身由于存在铁制品的干扰，数值上 z 的分量偏大一些。你可以另行选择在室外进行类似的测量实际观察一下地球磁场的垂直分量。不难想象，当地球表面磁场的垂直与水平分量同时存在时，它们的矢量和不是水平的，而是斜着指向地下的。磁场矢量倾斜的角度叫作磁倾角，读者可以自行查阅相关的文献。

3. 静磁屏蔽现象

当空间磁场中存在具有铁磁性的物体时，铁磁物体就会发生磁化，产生许多磁偶极子。这些磁偶极子产生的磁场与外界磁场相互叠加，在空间中有的地方加强，有的地方部分抵消，最终使得铁磁物体周围的磁场重新分布。形象地讲，铁磁性物体有时可以"挡住"一部分磁场，我们通过下面的实验简单地观察这种现象。将手机平放在桌面上，在手机上方约 5 厘米处平放一块铁板。为了确保实验过程稳定，铁板可以用几块 5～6 厘米的物体支撑。实验装置及实验结果如图 2-10 所示。启动手机的磁强计 APP，将一块小磁铁吸到铁板上手机上方，然后保持磁铁的位置不动，缓慢将铁板抽出，并停止 APP。磁强计测得磁场三个分量的变化 。

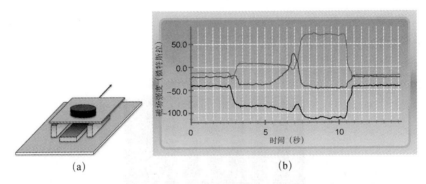

（a）　　　　　　　　　　　　　（b）

图 2-10　静磁屏蔽现象实验（a）和磁强计测得的磁场变化（b）

从 0 秒到 2.5 秒，磁强计测得的基本上是地磁场，手机上方的铁板对地磁场也有影响。随后，我们将小磁铁吸到铁板上，从磁场的三个分量都可以看到小磁铁带来的影响。在 7 秒附近，将铁板抽出，可以看到磁强计测得的磁场强度很明显增加了。这说明，我们用的铁板确实可以"挡住"一部分磁场，不过由于我们用的铁板比较薄，因而无法将磁场全部屏蔽。你可以用不同厚度的铁板重复这个实验，观察不同厚度的铁板的磁场屏蔽效果。

值得注意的是，在铁板抽出的过程中，x 分量（中灰色）有一个比较剧烈的变化。这是由于在抽出铁板时，有一段时间磁铁处在一半空间没有铁板而另一半仍然有铁板的状态。一般情况下，磁化的铁磁体在比较尖锐的边缘产生的磁场比在比较平缓的中部产生的磁场要强。因此，在铁板的边缘抽出的过程中，手机测到的总磁场会有一个比较大的变化。

4. 金属探测器

前面谈到，当空间磁场中存在具有铁磁性的物体时，铁磁物体会发生磁化，产生许多磁偶极子。这些磁偶极子产生的磁场与外界磁场相互叠加，在空间中有的地方加强，有的地方部分抵消，最终使得铁磁物体周围的磁场重新分布。利用这个性质，手机中的磁强计可以用来感知周围是否存在铁磁物体。

我们在智能手机的 APP 商店用关键词"金属探测器"或"metal detector"搜索。可以查到很多利用这个原理探测铁磁体的 APP，其中一个应用软件的屏幕显示如图 2-11 所示。

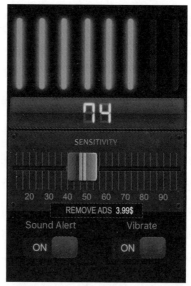

图 2-11　一种金属探测器 APP 的截图

笔者挑选这样一个免费的 APP 下载安装到一部退役智能手机上，并且做了一些测试。首先启动 APP，启动时要远离周围的铁磁物体。为了避免由于不慎点击广告造成错误的购物操作，将手机设置在飞行模式，并且关闭 Wi-Fi。

软件启动后，将手机逐渐靠近大小不同的铁制品，可以看到软件上的显示值增加，乃至出现声音与震动方式的报警。适当调整灵敏度，可以改变报警的阈值。根据笔者的测试，在最灵敏的设定下，这个软件可以对衣服口袋中钥匙环大小的铁制品报警。不过，基于磁强计原理制成的探测器对于非铁磁物体（如铜质钥匙或铝质硬币）是不敏感的。这与安全检查部门使用的金属探测器是不同的。

尽管如此，这个软件作为一个铁制品探测器还是有用处的，比如，当我们回收利用旧木头时，往往需要检查其中是不是隐藏了铁钉，以避免在用电锯锯木头的时候损坏锯片，甚至造成人身伤害。在这种情况下，铁制品探测器可以派上用场了。

五、手机传感器在虚拟现实技术中的应用

近些年，虚拟现实技术发展得很快，运用虚拟现实技术，可以给使用者带来身临其境的感受。随着技术的进步，虚拟现实技术所需设备的门槛及价格也大大地降低，现在使用一部智能手机和一个简单的观看头盔（图 2-12）就可以获得初步的虚拟现实体验。

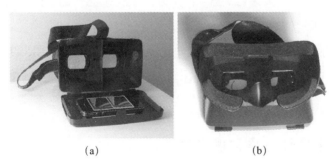

(a)   (b)

图 2-12 智能手机与虚拟现实头盔：（a）手机放入头盔、（b）头盔扣紧的情形

装载了虚拟现实软件的手机同时显示两个画面，供人的左右眼观看。虚拟

现实的观看头盔主要是两个目镜，这两个目镜起到将手机画面放大的作用，并且使放大的虚像处在舒适的观看距离上。另外，目镜的间距可以左右调节，以适应不同观看者不同的瞳孔间距。

观看时，将头盔打开，手机对正放入头盔底部，然后盖紧扣牢，使手机位置固定。手机里的虚拟现实软件显示出两个观察角有所不同的画面给两只眼睛观看，两个画面经过大脑处理，使人获得立体的感觉。笔者试用过的一个软件的截图如图 2-13（a）所示。虚拟现实软件通常会使用运动的内容，运动内容更容易使人获得立体感。

（a）　　　　　　　　　　　　　（b）

图 2-13　虚拟现实软件的显示和头盔朝向上方时手机的显示

不过，虚拟现实最突出的特点是能够随着观察者头盔的转动，看到不同方向上的景物。比如，如果将头盔朝向上方，手机的显示就成了蓝天白云，如图 2-13（b）所示；如果向下看，手机显示就会变成草地。

如果显示的景物不随着头盔的朝向改变，那就不算虚拟现实，只不过是一种立体电影而已。这就提出一个问题：如何让虚拟现实软件探测到我们头盔的朝向呢？

1. 加速度计与虚拟现实技术

手机里的加速度计和角速度计是使虚拟现实技术得以实现的重要传感器件，这两种传感器为虚拟现实软件提供了头盔朝向的信息。头盔的朝向可以用

极角 θ（俯仰角）与方位角 ϕ 两个量来表述，如果我们把头顶方向看成是地球的北极星方向，极角相当于地球的纬度，而方位角相当于地球的经度。（为了简化叙述，这里只考虑观察者不歪头，即两眼始终处于同一水平线上的情况，实际的虚拟现实软件中，需要第三个角来表述观察者的头歪了多少度。）

　　由于我们生活在重力场中，因此很容易通过重力的方向测定手机朝向的极角。利用手机的加速度计，我们很容易测定在手机的 x、y、z 三个轴向上的重力分量，在不考虑歪头的情况下，手机的长轴（y 轴）保持水平，于是手机加速度计测得重力沿 x 轴（手机的宽度方向）及 z 轴（厚度方向）的分量为

$$a_x = g\cos\theta, \quad a_z = g\sin\theta \qquad （2\text{-}1）$$

利用这两个分量，我们可以计算出手机取向的极角，根据这个极角的信息，软件可以确定应该显示多少地面及多少天空的景象。

　　我们这里做一个简单的测试，让手机长轴水平，厚度方向从对着天顶逐渐降低到水平，模拟观看虚拟现实的过程中从仰视到平视的过程，并用加速度计 APP 记录下 a_x 与 a_z 的变化曲线，结果如图 2-14 所示。从图中可以看出，从仰视到平视的过程中，x 分量逐渐增加，z 分量逐渐降低。在没有歪头的情况下，y 分量为 0。当我们需要考虑歪头带来的影响时，式（2-1）必须扩展为三个分量的方程组，从测得的三个重力分量可以算出三个未知数，其中一个未知数为 θ。这个扩张与推导过程留给读者去思考完成。

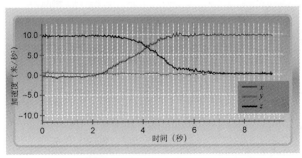

图 2-14　仰视到平视过程中加速度计测得的变化

2. 角速度计与虚拟现实技术

测量计算方位角相对麻烦一些，因为在水平面上，没有一个方便的参考方向。从理论上讲，我们可以用地球磁场的方向作为参考方向，然而在建筑物中，地球磁场很可能被屏蔽或干扰。如果我们用磁场方向作为参考方向，当磁场受到干扰改变方向时，手机显示的画面也会随之转动，对于观看者，这种无缘无故的转动会造成晕眩。因此，在很多虚拟现实软件中，方位信息是用角速度计测量的。

我们让手机长轴水平，放在眼前，模拟观看虚拟现实的状态，然后用角速度计测定改变方位角过程中角速度的变化曲线，结果如图 2-15 所示。

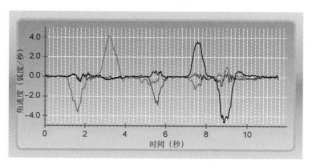

图 2-15　改变方位角过程中角速度的变化曲线

角速度计的采样速度通常可以到达 30 赫兹以上，将 $\frac{1}{30}$ 乘以每次测得的角速度，就可以得到这样一个时间间隔中手机转过的一个很小的角度，把这些角度累加起来，就可以得到手机在一段时间内转过的角度，这实际上是在对角速度做时间积分。

例如，从图 2-15 中 4 秒之前，我们可以看到角速度 x 分量（浅灰色）的变化，这反映了一个向左转再向右转回来的过程。可以看出，这两个转动的平均角速度大约是 1.5 弧度/秒，转动在 1 秒左右的时间中完成。因此每个转动转过的总角度大约是 1.5 弧度，也就是接近 $\pi/2$，即 90 度左右。

如果手机是在俯视或仰视的情况下转动，则测得的角速度会同时包含 x 与

z 分量。在图 2-15 中 7 秒之后，显示了在一个俯视状态下左转然后右转的过程，我们可以看到角速度的 z 分量（深灰色）也发生了显著变化。在这种情况下，我们需要算出每一瞬间总的角速度矢量，然后进行时间积分。有时候，角速度还会出现 y 分量，比如图 2-15 中 5～6 秒这段时间中，我们将手机的方位由平视变化到俯视，可以看出 y 分量（中灰色）的存在。

虚拟现实软件通过加速度计和角速度计测得手机的朝向信息，然后将手机的画面显示与手机的朝向匹配，使观看者获得身临其境的感觉。

3. 磁强计的应用

我们前面谈到由于地球磁场在建筑物中容易受到干扰与屏蔽，因而大多数虚拟现实软件都不使用地球磁场方向作为水平面中的参考方向。不过在虚拟现实技术中，磁强计也有可能得到应用。注意图 2-16 所示的虚拟现实观看头盔，在侧边上有一个扁圆形的物体。这个扁圆形物体是一片磁铁，在头盔外面有一个拨钮，拨动这个拨钮就会使磁铁上下移动。磁铁并没有接触手机，但磁场的变化会被手机里的磁强计探测到，这样，就可以对虚拟现实软件进行比较简单的控制，如启动、暂停等。用这个方法，可以避免其他比较麻烦的控制方法，如在耳机插口上插线等，同时使头盔可以与不同品牌的智能手机配套使用。

图 2-16　虚拟现实观看头盔的磁铁

六、手机中的其他传感器

前面介绍的加速度计、角速度计、磁强计等传感器，在几乎所有的智能手机中都有。但还有一些传感器只在某些品牌的智能手机（平板电脑）中才有，这里介绍的压强计和光亮度计就是这种类型的传感器。

1. 压强计

压强计可以用于测定周围空气的压强变化，这种变化可以由天气变化引起，也可以由海拔变化造成。手机 APP 商店中也有很多软件是基于压强计开发的。我们可以使用压强计，对物理学中的许多基础原理进行演示和验证。

笔者在一部退役智能手机上装载了一个可以显示压强传感器并且记录数据的软件，然后将手机放在口袋中带着上班,得到了如图 2-17 所示的压强变化。

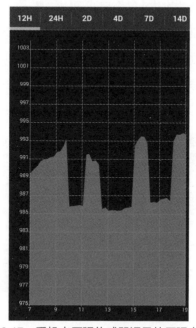

图 2-17 手机中压强传感器记录的压强变化

　　带着手机登山或乘坐电梯，也可以看到相应的压强变化。通常十几层楼的高度变化就可以看到相对显著的压强变化。图中有一些"深井"，对应于上到高楼层的时段。从图 2-17 中可以看到笔者在一天之中去办公室（14 层）工作，到不同楼层办事做实验等"行踪"。这个软件可以作为工作日志的辅助记录。

　　另外，乘坐飞机时，也可以看到机舱里压强的改变，对此我们后面会专门介绍。

　　如果选用质量比较好的塑料袋，将手机密封其中并与环境物质隔绝，还可以测量出比较恶劣环境的压强。比如，笔者曾将密封在塑料袋中的手机沉入水中，用来观察水中压强的变化。注意：做这种尝试时，一定做好密封工作，以防损坏手机。

2. 光强计

　　光强计通常是一个半导体光敏器件，用来测定周围的光强。在有的手机上，厂商已经安置了这种器件，可以直接用于测量。

　　笔者于 2017 年 8 月 21 日观测到了日全食发生过程，日全食发生过程中的光强变化曲线如图 2-18 所示。

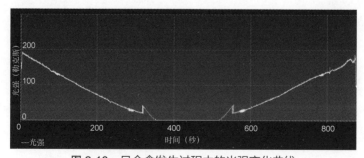

图 2-18　日全食发生过程中的光强变化曲线

　　在日全食发生的过程中，由于月亮将太阳完全遮挡，地面上会在一小段时间内出现像黑夜一样的景象。我们这个记录是在日全食开始前 6～7 分钟启动的，在这段时间里，可以看到月球逐步遮挡太阳造成的光强下降，直至光强达到几乎为 0。

日全食结束后，我们又继续记录了 6～7 分钟，从中可以看到月球的影子离开时光强逐步恢复的过程。我们看到光强为 0 的时间段，大约为 161 秒，这与天文学的计算相符。

光强在下降和恢复的过程中，曲线上分别有两个跳跃，这可能是光敏器件或数据采集程序的人为问题，并不是真正的光强跳跃。

扫一扫，观看相关实验视频。

第三章　奇特的波动叠加与抵消

　　波的一个重要特征是当两个波叠加到一起时，它们可能互相加强，也可能互相抵消。这个特性在很多波动现象，如衍射与干涉等中都可以看到。我们通过以下实验帮助大家获得波动叠加特性的直观感受。

一、两个手机正弦波源直接的拍音

　　我们先从最简单的一个实验开始。在这个实验中，我们用手机发出两个不同频率的正弦波，观察它们之间互相加强和互相抵消的现象，还将观察两个频率的差及两个声波的相对强度带来的影响。

　　考虑两个频率非常接近的正弦波，比如，一个频率为 800 赫兹，另一个为 801 赫兹。假如在时间的原点，两个正弦波是互相加强的，过了 0.5 秒之后，第一个波震荡了 400 个周期，而第二个则震荡了 400.5 个周期。这时，两个正弦波的相位关系变成互相抵消了。不难想象，再过 0.5 秒，两个正弦波的相位又变成了互相加强的关系。于是，这两个正弦波循环往复地互相加强又互相抵消，重复的周期为 1 秒，或者说，重复频率为 1 赫兹，正好是 801 赫兹与 800 赫兹两个频率的差。这种现象叫作"拍"，拍的重复频率叫作拍频或差频。我们用智能手机可以很方便地生成两个频率的正弦波，研究拍的现象。

1. 下载安装 APP

在智能手机 APP 商店中，输入关键词"信号发生器"或"signal generator"，就能找到很多可以让手机发出正弦波的 APP，从中挑选能产生多个正弦波的。笔者用的是一款名为"Multi Wave"的 APP，其优点是可以同时生成多个正弦波，很多实验可以用一部手机做。如果无法找到可以产生多个正弦波的 APP，可以用两部手机同时发声，每部手机各自生成一个正弦波，如图 3-1 所示。

图 3-1　拍音实验

> 👉 安全提示：实验所用的 APP 要从正规网站下载，以免手机感染病毒。实验中，可以将手机的联网功能关闭，以免误触启动随 APP 推送的广告。此外，手机音量不要过大，以免影响听力。

2. 观察拍音现象

让手机同时播放频率为 800 赫兹和 801 赫兹的两个正弦波，就可以听到声音忽强忽弱的拍音。如果是用两部手机做实验，注意要让它们的扬声器孔尽量靠近。当两个正弦波振幅不相同时，在声音极小的时候仍然能听到声音。如果想让两个声波完全抵消，则需要调整两个声波的相对强度，只有当它们的强度或振幅完全相同时，两个声波才会完全抵消。

我们可以进一步把第二个正弦波的频率设定为 800.5 赫兹和 800.2 赫兹，重复上面的观察。这时，我们注意到拍音的重复周期变长了。

我们可以试一试单独播放 3000 赫兹和 3010 赫兹两个正弦波，然后把它们合在一起。合在一起的效果是不是比单一一个声音更能引起人们注意？这时我们听到一个 3000 赫兹左右、拍频为 10 赫兹的声音，有些像警报器发出的声音。

3. 相关问题讨论

当两个频率不同的正弦波同时存在时，它们之间在某个时刻的相位差决定了它们之间是互相加强还是互相抵消。我们用手机上下载安装的一个图形计算器画出两个不同频率的正弦波及它们的和，如图 3-2 所示。图中，一个正弦波（浅灰色）频率比较高，另一个正弦波（中灰色）频率比较低。在初始时刻，两者的相位是相同的，它们相叠加的振幅比较大。但由于一个正弦波振动得比另一个慢，几个周期后，它们就处在相反的相位，从而互相抵消。由于这两个正弦波的振幅相同，在某个时刻，它们可以完全抵消而使总的振幅为零。等过了这个极小点，它们的相位又逐渐一致起来，叠加信号的振幅也逐步增加。这样极大和极小交替出现，我们就听到了拍音。

我们在三角函数中学过和差化积恒等式，用这个恒等式，可以进一步了解拍音的性质：

$$\sin\theta + \sin\varphi = 2\sin\left(\frac{\theta+\varphi}{2}\right)\cos\left(\frac{\theta-\varphi}{2}\right) \tag{3-1}$$

考虑两个振幅相同但频率不同的正弦波互相叠加的情况：

$$y = \sin(\omega_1 t) + \sin(\omega_2 t) \tag{3-2}$$

由此可以得到

$$y = 2\sin\left(\frac{\omega_1+\omega_2}{2}t\right)\cos\left(\frac{\omega_1-\omega_2}{2}t\right) \tag{3-3}$$

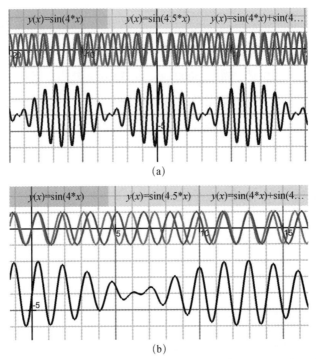

图 3-2　两个不同频率正弦波的叠加形成的拍（a）及局部放大图（b）

从这个结果可以看出，叠加的结果是一个快速的震荡（sin 部分）和一个慢速的幅度调制（cos 部分）。比如，当两个正弦波分别是 800 赫兹和 801 赫兹时，叠加后快速震荡的频率就是这两个频率的平均值，即 800.5 赫兹，而幅度调制部分的频率为 0.5 赫兹。注意：0.5 赫兹的余弦函数的周期是 2 秒，而在一个周期中存在两个 0 点，所以我们 2 秒内会听到拍音有两次极小点，也就是每秒一次。这和我们的实验结果是一致的。

二、钢琴弦的拍音

日常生活中也能遇到拍音现象。在钢琴中，大部分键按下后都会敲响两根或三根弦，这两根或三根弦同时振动时，如果频率不完全相同，就会产生拍音。实际上，钢琴每隔一段时间或每次演出前都应该调音。调音师就是用听拍音的方法，检测几根弦之间频率是不是一致，通过调整，使几根弦之间的拍音消失。

1. 实验现象观察

⚡ **安全提示**：实验中，在打开钢琴盖板时，注意动作要稳，避免损坏到钢琴。

在这个实验中，我们观察钢琴产生的拍音。钢琴最低音的几个键对应的是单根弦，有一些键每个音有两根弦，高音部分每个音有三根弦。三根弦发生拍音时情况比较复杂，为了简化实验现象，我们选取两根弦的音部来观察。对不同型号的钢琴，每个键几根弦的具体安排是不同的，需要我们自己查清楚。打开钢琴盖板，将两根弦对应的音部找出来，如图 3-3 所示。逐个按下这个音部中的每个琴键，仔细倾听钢琴的声音。按下琴键后不要抬起手，这样击弦机构中的音刹毡垫就不会压回琴弦，从而使琴弦可以持续地自然振动，也可以踩下右踏板，让所有琴弦的音刹离开琴弦。只要不是刚刚调好音的钢琴，通常总会出现某些音的两个琴弦音高稍微不同，这就会形成拍音。我们可以听到这个琴键按下去后，声音不是一直衰减变弱，而是变弱之后又重新变强。如果两个音的频率相差较多，则在整个衰减过程中可以听到多次声音强弱变化。

图 3-3　钢琴中单弦、双弦、三弦对应的音区

2. 钢琴调音

为钢琴调音时，通过调节琴弦的张力来改变其振动频率。调音中，对与每个键三根或两根弦音高的一致性的要求非常高。如果三根弦同时偏离标准的音高，很多人不一定能听出来。但是如果三根弦互相之间存在频率差，即使是很小的频率差，大多数人都会觉得刺耳。这种频率差造成一种忽强忽弱的拍音，在没有完全调好的钢琴上很容易察觉。

调琴时，多数技师是先把三根弦中间的弦调好，然后将旁边的两根弦依次调好。在三根弦尚未调到一致的情况下，可以用一个小毡垫将三根弦中左边或右边的弦塞住，仅让其他两根弦发音，这样可以比较容易听到拍音。

三、钢管不同振动模式之间的拍音

不仅两个物体会产生不同频率的振动，即使是一个物体，自身也会产生不同频率的振动。比如，一根钢管就会同时出现两种不同的振动模式，而这两种不同振动模式的频率可以相同，但很多时候是不同的。如果这两种振动模式同时被激励起来，单根钢管也可以发出拍音。

1. 实验器材与实验步骤

挑选一截长短粗细适中的钢管，笔者用的是报废的落地灯的立柱，落地灯立柱通常是三节，每段长约 54 厘米，直径约 4 厘米。用软毡垫或软泡沫塑料在离钢管两端约 1/4 管长的位置支撑起来（精确的位置是从一端量大约为钢管总长的 0.22 倍，这个位置是钢管做横向自由振动时最低频率振动模式的节点，也就是没有运动的点），如图 3-4 所示。用木棒敲击钢管中部，听钢管能否发出比较长时间且不刺耳的声音。如果钢管发出的声音过于低沉，说明钢管太细太长，需要另外挑选合适的钢管。这时敲击钢管并且仔细地倾听钢管的声音，通常情况下，可以听到钢管的声音在逐渐衰减的过程中出现强弱交替的周期变化。

图 3-4　钢管的支撑

物体在振动时，能量会逐渐损失，发出声音的振幅也会衰减。钢琴的弦和钢管振动发出的声音就是这样随时间衰减的波。

两个衰减的波也会产生拍，只是情况稍微复杂一点。如果两个波的频率差比较大，拍音现象会比较明显。但如果它们的频率差很小，拍音的周期很长，则在一个完整的拍出现之前，波动已经衰减到听不见了，如图 3-5 中第三个曲线所示。

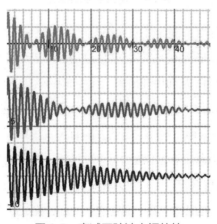

图 3-5　衰减正弦波之间的拍

实际上，前面谈到的钢琴弦形成的拍音，也是这样的衰减振动叠加形成的。

2. 钢管的振动模式

钢管在做横向自由振动时，会出现两种振动模式。粗略来讲，一种振动模式对应钢管的上下弯曲运动，另一种振动模式则对应钢管的左右弯曲运动，如图 3-6 所示。

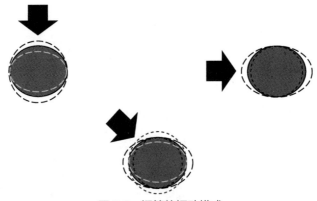

图 3-6　钢管的振动模式

一般情况下，钢管的横截面不是完美的圆形，这样，两种振动模式就会有略微不同的频率。这两种振动模式发出的声音如果振幅接近，两个声波就会时而互相加强，时而互相抵消，从而出现拍音。当然如果钢管的质量非常好，形状完全对称，材质均匀，这两种振动模式的频率就会完全一样，这样也就没有拍音了。

两种振动模式的振幅与木棒敲击的方向有关。在某一个合适的方向，有可能只激励一种模式振动而完全不激励另一种模式，这样也可以不出现拍音。为了验证这一点，我们将钢管以中心线为轴旋转一个很小的角度，再次敲击倾听，注意每次敲击的方向要保持一致。重复这一过程，就可以找到一个拍音最显著的敲击方向，也可以找到一个完全没有拍音的方向。

四、反射声波的干涉现象

声音是一种波动现象，而波动现象有许多有趣的性质，有些甚至是与我们的直觉背道而驰的。比如，当两个声源同时存在时，我们总会觉得它们合在一起，发出的声音比单个声源要强。然而在有些情况下，两个声源发出的声音是会互相抵消的。不仅声音，所有的波动，如光波、无线电波、海洋表面的水波等都有类似的互相加强和互相抵消的现象，这类现象叫作波的干涉。

我们可以通过实验观察到这种声音的互相加强和互相抵消的现象。在这个实验中，我们在手机上下载安装一个 APP，用来发出正弦波作为一个声源，然后让手机发出的声音在一个光滑平面上反射作为另一个声源，从而观察这两个声源之间的干涉现象。

1. 观察声音干涉现象

在这个实验中，用自己的耳朵作为探测器，由于两只耳朵处在不同的空间位置，因此会探测到不同的声音干涉状态。为了简化问题，我们把一只耳朵用耳塞或棉花球塞起来，只用一只耳朵听，如图 3-7 所示。让手机播放 2000 赫兹的正弦波。不同型号的手机扬声器的位置可能不同，翻转手机，使发出声音的扬声器出口朝上。

图 3-7　反射声波干涉实验

实验者在镜子（或光滑坚硬的其他平面）旁，让没有塞住的耳朵离开镜子 1 米左右。将手机靠近镜子，并往返改变手机到镜子的距离，这时可以同时听到从手机直接传到耳朵及经过镜子反射传到耳朵中的两束声波。当手机移动到适当的位置时，可以听到两束声波互相抵消，声音强度达到一个极小点。

往返移动手机的过程中，我们可以听到多个极小点。在两个极小点之间，两束声波会互相加强，出现声波干涉的极大点。我们可以用一把尺子粗略地量一下两个极小点之间的距离。理论上，我们也可以测量两个极大点之间的距离，但人耳对声音的极小点相对比较敏感，对极小点的定位会比较准确。

如果想让两个声波完全抵消，需要调整两个声波的相对强度，只有当它们的强度或振幅完全相同时，两个声波才会完全抵消。从手机发出直接到达耳朵的声波，传播距离相对比较短，振幅降低比较少，而经过镜子反射的声波传播距离比较长，振幅降低比较多。为此，可以将手机的扬声器向镜子方向稍微倾斜一些，以此补偿传播距离带来的差别。通过精心调整扬声器的角度，可以使两个声波完全抵消，达到耳朵完全听不到任何声音的状态。

我们可以进一步把正弦波的频率调整到 2500 赫兹和 3000 赫兹，重复上面的观察。这时，我们注意到极小点之间的距离变得更短了。

2. 初步原理

手机的扬声器振动起来之后，推动周围的空气不断地进行压缩与膨胀的周期运动，这就使得周围空气压强发生周期性的变化，随着时间变化，扬声器周围空气的压强时而微微地高于、时而微微地低于环境空气的压强。这种微小的压强变化会在空气中传播到远处，这就是声波。声波到达我们的耳朵，这种微小的压强变化会通过耳道引起鼓膜振动，从而让我们听到声音。当两个频率相同的声波一同到达耳朵时，它们之间可能互相加强，也可能互相抵消。如果第一个声波使得耳道中压强增高（降低）时，第二个声波也使耳道中的压强增高（降低），则它们的作用是互相加强的，称为相位相同；反之，如果两个声波的相位相反，一个增高压强，另一个降低压强时，则它们就会互相抵消。直达声波与反射声波的传播路径如图3-8所示。

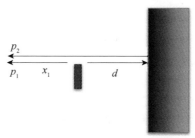

图 3-8　直达声波与反射声波

我们把这两个声压写成如下函数：

$$p_1 = p_{01} \sin\left(kx_1 + \omega t\right) \tag{3-4}$$

$$p_2 = p_{02} \sin\left(kx_2 + \omega t\right) \tag{3-5}$$

$$p_2 = p_{02} \sin\left(kx_1 + 2kd + \omega t\right) \tag{3-6}$$

式中，$k=2\pi/\lambda$，λ 为声波的波长；$\omega=2\pi f$，f 为声波频率；x_1 与 x_2 为两个声波从声源到达耳朵的有效距离；d 是手机到镜子的距离。在此我们忽略了镜子对声波的影响，把它看成是一个完美的反射体。p_{01} 和 p_{02} 分别是两个声波在耳道所造成声压的振幅，它们的大小和声源到耳朵的距离及手机扬声器的倾斜角度有关。

不难看出，当 $2kd=\pi$，3π，5π，…时，也就是当 $d=\lambda/4$，$3\lambda/4$，$5\lambda/4$，…时，p_1 和 p_2 的符号相反。

$$p = p_{01} \sin\left(kx_1 + \omega t\right) - p_{02} \sin\left(kx_1 + \omega t\right) \tag{3-7}$$

如果能够通过调整手机角度使得 $p_{01}=p_{02}$，则两个声压的和可以完全抵消为0。

五、用干涉法测量声速

我们可以进一步探讨这个实验中的声音干涉现象，除了好玩，是否有实用价值呢？从式（3-4）、式（3-6）和式（3-7）我们知道，干涉现象有若干极小点，它们出现的位置与声音的波长有关。而波长与声音的速度和频率之间有如下关系：

$$v = \lambda f \tag{3-8}$$

既然极小点之间的距离与声速有关，那么，我们能不能利用干涉现象测量声音的速度呢？

谈到测量声速，我们往往想到在很远的地方放一个鞭炮，然后用秒表测出从看到闪光到听见声音的时间，从而算出声速。这种方法需要很大的空间，而很多情况下，我们需要知道一个很小空间中局部的声速，比如在一个房间中，由于空气温度的不同，声速可能会不同。在这种情况下，用干涉方法就可以方便地测出小范围内的声音速度。

1. 测量方法

逐渐改变手机与镜子之间的距离，寻找极小点，并将离开镜子最近的两个极小点分别称为第一极小点和第二极小点。利用一根直尺测出它们的位置（d_1、d_2）并记录下来。我们将手机发出的正弦波频率（f）设定为 1500 赫兹、2000赫兹、3000 赫兹、4000 赫兹，在这几个频率下重复上述测量。测量的结果如表 3-1 所示。

如前所述，第一极小点和第二极小点之间的距离为半个波长（$\lambda/2$），根据式（3-8），可以用每一行的测量结果算出一个相应的声速（v），单位是厘米/秒。

表 3-1　实验数据及分析

f	d_1	d_2	$\lambda/2$	v	Δd 0.5 ε	$1/\varepsilon$	w	$w \cdot v$
1 500	5.5	16.5	11.0	33 000	4.5%	22	0.37	12 100
2 000	4.5	13.0	8.5	34 000	5.9%	17	0.28	9 633
3 000	3.0	9.0	6.0	36 000	8.3%	12	0.20	7 200
4 000	2.0	6.5	4.5	36 000	11.1%	9	0.15	5 400
						60	1	34 333

2. 误差分析

由于测量存在误差，每次测得的声速也会有误差，我们对此进行一下分析。

对于任何速度测量，我们必然要同时测定距离和时间。在这个实验中，时间基准是手机发出的正弦波的频率。这个频率是通过对手机中的石英振荡器产生的振荡计数导出的，而电子产品中使用的石英振荡器，无论是准确度还是稳定性，都远超过一般实验的要求。比如，通常手机里的时钟，在与外界隔绝的情况下（如处于飞行模式），是完全依靠其内部的石英振荡器来计时的。市场上大多数品牌的手机时钟，可以保证一天里的时间误差不超过 1 秒，也就是说，准确度可以达到 $10^{-4} \sim 10^{-5}$ 量级。

距离的测量误差则要大得多。由于手机发声的音孔有一定的大小、直尺与音孔不易靠近等问题，我们估计距离的测量误差（Δd）可能在 0.5 厘米量级。这样，在频率比较高时，如 3000 赫兹或 4000 赫兹，两个极小点之间的距离比较小，因而距离的测量误差可能超过 10%。在表 3-1 中，我们列出了每行不同的测量所对应的距离测量相对误差（ε）。

对多次测量的数据做平均是获得比较精确结果的常用方法。但这里进行了几次测量，它们的相对误差非常不同，如果做简单的平均，相对误差比较大的数据就可能带来比较大的误导。因此，在进行平均时，每个测量数据的权重应该有所不同，比较精确的数据应该有比较大的权重，而误差较大的数据的权重应该比较小。为此，我们使用相对误差的倒数（$1/\varepsilon$）来计算权重：

$$w_i = \frac{\dfrac{1}{\varepsilon_i}}{\sum_i\left(\dfrac{1}{\varepsilon_i}\right)} \tag{3-9}$$

这样所有权重之和为 1：

$$1 = \sum_i w_i \tag{3-10}$$

我们用下式来计算加权平均，这个公式可以和表 3-1 最后一列对照：

$$v_{av} = \sum_i w_i v_i \tag{3-11}$$

算出的平均值为 34 333 厘米/秒，这个数值与科研人员用专业仪器测定的结果非常接近。定性地讲，这样算出的平均值的相对误差比任意一个测量的误差都小，但从定量的角度，误差具体减少了多少，或者说测量精度改进了多少，估算起来相对比较复杂，有兴趣的读者可以查阅这方面的资料。

六、牛顿环光干涉现象

光具有波动性，因此光波在互相叠加的时候，也会呈现互相加强或互相抵消的现象。当我们把一束光分成两部分，然后让这两束光发出的光波互相叠加时，就可以看到光的干涉现象。

1. 牛顿环的基本原理

牛顿环是一种非常经典的光干涉现象。牛顿环是用两片曲率半径非常接近的玻璃片互相接触形成的（有时也可用一片曲面玻璃和一片平面玻璃接触而成），其原理可以用图 3-9 说明。光从上到下垂直照射到两片互相叠合的玻璃片上，在玻璃片的各个表面反射，其中玻璃片 A 的下表面的反射光 E_A 与玻璃片 B 的上表面的反射光 E_B 互相叠加，呈现出显著的干涉现象。这种叠加可能互相加强，也可能互相抵消，究竟是加强还是抵消，与光的波长及两个反射面之间的距离有关。不难想象，这样两个曲面玻璃互相叠合，形成的干涉图样应该是环形的。

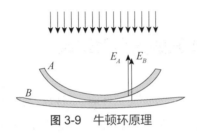

图 3-9　牛顿环原理

2. 实验器材与现象观察

这个实验可以用通常家中能够找到的物品来做，笔者用的是从一副眼镜上取下的两个镜片，如图 3-10 所示。将两个镜片用橡皮筋扎起来，以使得接触点可靠稳定，在接触点形成的干涉条纹比较小，有时需要借助放大镜来观察，可以看到一个典型的牛顿环。

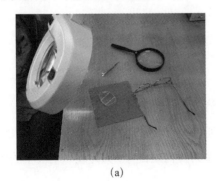

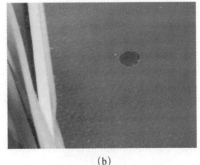

(a)　　　　　　　　　　　　　(b)

图 3-10　牛顿环实验器材（a）及眼镜片接触点形成的牛顿环（b）

牛顿环的中心是干涉条纹的极小点，也就是说是一个暗斑，由中心向外交替呈现明暗相间的条纹。这是由于在两个玻璃片的接触点，它们的反射光叠加时是互相抵消的。

这个实验中，两个眼镜片的内曲面和外曲面的曲率半径越接近，实验效果越好，但外曲面的曲率半径必须比较小，才能形成一个接触点。因此，用浅度的阅读镜（老花镜）比用近视镜或深度老花镜更容易满足这个要求。

七、狭缝和小孔的光衍射现象

当我们把一个波的部分波面遮挡住时，可以看到衍射现象。

现在激光笔已经非常普及，用激光笔产生的强光可以非常容易地呈现光通过狭缝和小孔时所产生的衍射现象。

☞ **安全提示**：实验中，使用激光笔时要注意安全，任何时候都要避免激光射入眼睛，包括通过镜面反射到眼镜中。

此外，值得注意的是，衍射实验并不是只有用激光器才能做，人们当初发现衍射现象时是用普通光源做的实验。现在我们使用激光器只是由于激光的亮度比较大，比较容易看到衍射现象中产生的条纹。

1. 实验装置

实验装置如图 3-11 所示。让激光笔发出的光透过一个凸透镜，这样激光笔发出的平行光经过汇聚到一个焦点，通过焦点之后则扩展成一个横截面直径逐渐增大的光束。遮挡光线的狭缝由两个刀片构成，两个刀片成一个很小的角度，使得狭缝上部窄下部宽。

图 3-11 狭缝衍射实验器材

2. 现象观察

光束透过狭缝后继续向前传播投射到 5～6 米远的白墙上，在墙上就可以看到衍射图形了。实验呈现的衍射现象如图 3-12 所示。

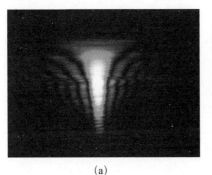

(a)   (b)

图 3-12 狭缝衍射图形（a）与小孔衍射图形（b）

这里我们可以看出，衍射图形从中心的极大向两边交替呈现若干级的极小与极大。人眼的动态范围要大于照相机，因而实际实验时，眼睛可以看到比照片上更多的极大和极小条纹。此外，我们注意到，衍射图形的宽度随狭缝的宽度变化，狭缝越窄，衍射的图形越宽。实验中用两个刀片做成的狭缝的宽度是变化的，上部比较窄，下部比较宽，因此衍射的图形上部比较宽，下部比较窄。

将激光束前的遮挡物由狭缝换成一个小孔也能形成衍射图形。小孔衍射的图形是许多同心圆，可以换不同直径的小孔，同样地，孔越小，衍射图形的直径越大。

扫一扫，观看相关实验视频。

第四章　居　家　电　学

　　我们的日常生活离不开电，电的广泛应用可以称为物理学对人类生活最重要的贡献之一。在我们日常生活用电中见到的各种现象，是我们理解很多物理原理的好教材。本章中，我们将对这类现象及相关原理进行分析与讨论。

一、开关

　　开关的作用是接通与切断电流，是任何用电电路都不可或缺的控制器件。单一一个开关固然不复杂，但如果需要多个开关控制一个电路，情况就不那么简单了。开关同时又是逻辑电路的基础，电子逻辑门又是现代计算机技术的重要构成部分。我们对此进行一些初步讨论。

1. 多点开关

　　一个开关控制一盏灯，这很容易实现。如果需要多个开关控制一盏灯，比如在一个楼梯间中，需要在楼下和楼上都能开亮或关灭同一盏灯，应该怎样设计电路呢？对于两个开关控制一盏灯，很多书中都给出了电路，如图 4-1 所示。这个电路中使用的两个开关叫作单刀双掷开关。这个电路的功能可以用表 4-1 来说明。在表中，我们可以把开关的上（U）与下（D），灯泡的亮（ON）与灭（OFF），分别标注为 1 与 0。这种表在数字逻辑中经常使用，通常称之为真值表。

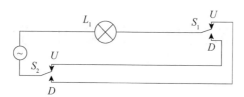

图 4-1 双点开关

表 4-1 双点开关的逻辑真值表

S_1	S_2	L_1
U （=1）	U （=1）	OFF （=0）
U （=1）	D （=0）	ON （=1）
D （=0）	U （=1）	ON （=1）
D （=0）	D （=0）	OFF （=0）

从表 4-1 中可以看出，无论灯泡处在亮或灭的状态，翻转任何一个开关都可以将灯泡的状态改变。

> ▮☞ **安全提示**：为了避免触电，除了有专业人员在场指导监护的情况下，切勿拆卸家中的开关、插座等用电设施。

当要设计一个多于两个开关的电路时，需要使用一种新的开关器件，即双刀双掷开关。一个电路的例子如图 4-2 所示，在这个电路中，用 4 个开关控制一盏灯。这个控制电路可以无限扩展，用户可以将电路扩展到任意多个开关。新增加的开关仍然是双刀双掷开关，不再需要新的开关类型。在这个电路中，无论电路处于什么状态，只要扳动任意一个开关，都可以改变电路的状态。

通常的双刀双掷开关共有 6 个接点，而图 4-2 中的产品已经将其中两组接点从内部连接好，用户只需要将进出的 4 根线连接到 4 个接点上就可以了。这种

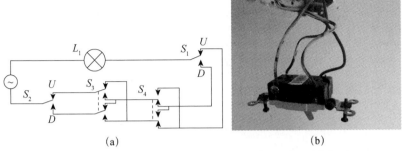

图 4-2 多点开关电路图（a）与实际的双刀双掷开关（b）

控制电路可以用在楼道或楼梯间的照明灯中。目前居民楼的楼梯间多是使用楼上楼下两个开关控制，人们上楼时，在楼下打开灯，到楼上时把灯关掉。如果家住三楼以上，则要将二楼到三楼的灯打开，上到三楼再关闭。如果上楼过程中忘了关闭下面楼层的照明灯，则还要回去关掉，多少有点不方便。而使用多点控制的电路，则可以在楼道或楼梯间内任何一个开关将照明灯打开，然后到任何一个地方将灯关掉。

2. 开关与逻辑电路

在近代电子数字计算机中，各种数字逻辑运算是不可少的。最常见的逻辑运算包括"与"（AND）、"或"（OR）及"异或"（XOR）运算等。我们可以用开关搭接出各种电路，使之呈现出需要的逻辑关系。在微处理器等半导体器件中，这些逻辑运算是用晶体管搭接成的门电路里实现的，而这些晶体管实质上起到了开关的作用。当两个开关串联时，这两个开关组成一个与门，如图 4-3 所示。对于一个与门，只有当两个开关都处于接通状态时，整个电路才会接通。

图 4-3 串联开关

与门电路的真值如表 4-2 所示。从表中可以看出，任何一个开关都可以将灯关上，但要想把灯打开，则两个开关都必须同时接通。在汽车上，每个车门都有调整车窗上下的开关。有时坐在车里的儿童可能会随意将车窗频繁调上调下，十分危险，因此，在司机手边装备了一个开关，这个开关与调整车窗的开关是串联起来的，一旦这个开关关掉，车窗就不能调整了（图 4-4）。这是与门电路在实际生活中的应用。

表 4-2　与门电路的真值表

S_1	S_2	$L_1 = S_1 \text{ AND } S_2$
1	1	1
0	1	0
1	0	0
0	0	0

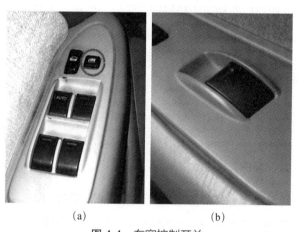

(a)　　　　　　　　(b)

图 4-4　车窗控制开关

我们家中的供电电路往往都有一个总闸，这个开关与家中所有电灯的开关都是串联的，一旦总闸切断，所有灯都不能打开。这些都是串联开关的应用实例。

而当两个开关并联时，这两个开关组成一个或门，如图 4-5 所示。对于一个或门，当任意一个开关处于接通状态时，整个电路都会接通，这同与门正好相反。

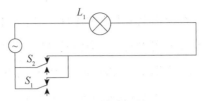

图4-5 并联开关

　　或门电路的真值如表4-3所示。从表中可以看出，任何一个开关都可以将灯打开，但要想把灯关上，则两个开关都必须同时断开。在汽车上，每个车门都有一个监测车门的开关，一旦车门打开，这个开关就会接通。四个车门的四个开关是并联的，只要有任意一个车门打开，车厢里的照明灯就会点亮（图4-6）。这是或门电路在实际生活中的应用。

表4-3 或门电路的真值表

S_1	S_2	$L_1 = S_1$ OR S_2
1	1	1
0	1	1
1	0	1
0	0	0

图4-6 车门监测开关

除了与门和或门，在数字电子电路中还有一种常用的逻辑门叫作异或门。我们前面谈到的楼梯间开关实质上是一个异或门逻辑电路。异或门电路的真值如表4-4所示。从表中可以看出，异或门的逻辑关系是指当两个输入量处于相同状态时，输出为0；而当两个输入相异时，输出为1。

表4-4　异或门逻辑真值表

S_1	S_2	$L_1 = S_1$ XOR S_2
1	1	0
0	1	1
1	0	1
0	0	0

二、大功率电器对电路的影响

欧姆定律不仅是一个公式，更是一个日常生活中经常会运用到的自然规律。欧姆定律涉及电压、电流与电阻三者的关系，这个关系对家用电器至关重要。

我们用一个电热壶和一盏台灯来观察与欧姆定律相关的现象。

1. 器材选择

选择一个功率比较大的电热壶，笔者在实验中使用的是功率大约为1500瓦特的电热壶。市面上出售的电热壶通常都有电源开关，这样可以方便我们在实验中接通或断开电路。如果有可能，还可以选择其他大功率的家用电器，如电烤箱、电吹风机等做这个实验。笔者除了用电热壶，还用吸尘器做了这个实验，得到非常有趣的结果，我们在后面会详细介绍。

我们用一盏台灯来显示实验现象，台灯最好用白炽灯泡，白炽灯泡的亮度会随供电电压的高低而发生明暗变化。将电热壶和台灯的插头插在同一个电源延长线的插座上，如图 4-7 所示。我们将实验的过程拍摄下来，然后将视频文件用计算机进行分析。

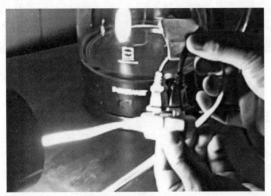

图 4-7 实验器材

☞ **安全提示**：电源延长线不能长期用来连接大功率的电器，因此实验中，电热壶的开启时间不能太长，实验结束后要立即将连接线拆除，避免日常使用时误将电源连接线长期连接使用，造成火灾隐患。

在实验中，我们可以看出当大功率电器接入时，台灯的亮度会发生变化。

2. 实验现象观察

将电路接好后，打开台灯，然后将电热壶开通与关断数次，如图 4-8 所示。当电热壶的电源开关开通与关断时，我们注意到台灯的亮度随之变化：电热壶的电源关断时，台灯比较亮；电热壶的电源开通时，台灯亮度比较低。这种亮度变化用肉眼可以察觉到，我们也可以通过实验拍摄成的视频观察到亮度的变化。

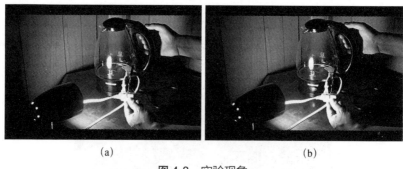

(a)　　　　　　　　　　　　(b)

图 4-8　实验现象

不过，当我们把从视频中截图得到的两个静态画面印在纸上时，亮度的变化就不是很明显了。为了清晰地显示亮度的变化，我们用手机上一个叫 FUSED 的软件将两个画面逐点相减，从而得到图 4-9 所示的结果。

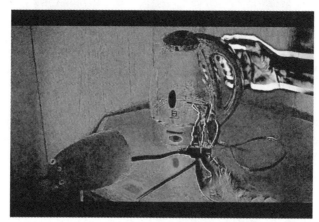

图 4-9　两幅视频截图逐点相减的结果

数字相片是由像素组成的，每个像素包含了红、绿、蓝三种颜色的亮度信息。这三种颜色的亮度分别由三个数字（R，G，B）表示，通常每个数字是 8 比特长，可以表达 0~255 之间的整数，数字越大，这种颜色的亮度就越大。当我们用电热壶关断（即亮度比较大）的截图减去电热壶开通（即亮度比较小）的截图时，对大多数像素而言，其差值不是 0，这样我们就可以确认两者的亮度是不同的。

这里注意一下图中两个有趣的特征。首先是电热壶壁上反射灯光的高光点，在亮度差图中呈现黑色，而不是我们根据直觉可以想象的高亮度白色。这是由于在两个原始的照片中，这个部分像素中的三个颜色全部处于饱和状态，即全部是（255，255，255）。这样它们的差值自然是（0，0，0），即黑色。

除了通过拍摄视频观察台灯亮度的变化外，我们还可以利用手机直接测量光的亮度并作图。笔者使用一种装备了亮度传感器的手机，并下载安装了相应的软件。实验中记录下的台灯亮度变化如图 4-10 所示。

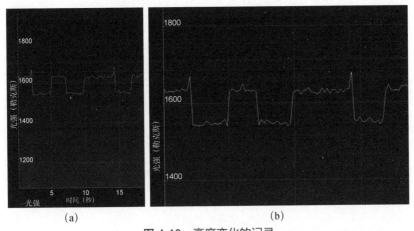

图 4-10　亮度变化的记录

在 20 秒的实验中，电热壶的开关共开闭了 3 次。可以看出，每当电热壶接入电路之后，台灯就会变暗。通过纵坐标显示的数字，可以看出在这个实验中光亮度变化了 7% 左右。我们的眼睛通常可以感受比较大动态范围的亮度环境，但对于这种比较小的亮度变化不是很敏感。借助光亮度传感器，可以比较明显地观察到这个现象。

下面我们通过欧姆定律及其推论对这个现象进行分析，并通过计算一个实际的例子进一步理解这种现象。

3. 亮度变化初步分析

我们将这个实验的等效电路画出来，如图 4-11 所示。我们把家中的电插座看成是一个电压源，也就是说，不论我们插上的电器用电的电流是多少，它在 A 与 B 两点间都保持一个固定的输出电压 V_0。连接线的两段金属导体有一定的电阻，我们把它们标注为 R_1 与 R_2。台灯点亮后正常工作时的电阻为 R_3。电热壶的电阻 R_4 通过一个开关 S_4 与台灯并联。当台灯点亮时，电源电压分配在 R_1、R_2 与 R_3 三个电阻上。这三个电压 V_1、V_2 与 V_3 的大小与对应的电阻阻值成正比，由于连接线的电阻 R_1 与 R_2 相对于台灯的电阻 R_3 要小得多，因此，在连接线上分配的电压 V_1 与 V_2 比台灯上的电压 V_3 也要小得多。

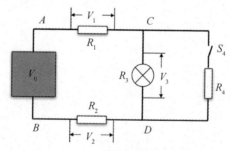

图 4-11　实验等效电路

当电热壶的开关接通后，R_4 与 R_3 并联，并联后 C 点到 D 点之间的电阻为

$$R_{CD} = \frac{R_3 R_4}{R_3 + R_4} \qquad (4\text{-}1)$$

其数值比 R_3 要小。当并联后的电阻与 R_1 与 R_2 串联后，整个电路的总电阻为

$$R_{AB} = R_1 + R_2 + R_{CD} \qquad (4\text{-}2)$$

其数值比 R_4 没有并入时要小，因此整个电路的总电流增加。如果一个电阻流过一定电流 I，则根据欧姆定律，其两端的电压为

$$V = IR \qquad (4\text{-}3)$$

由于 R_1 与 R_2 中流过的电流增加，它们各自分配的电压 V_1 与 V_2 也因此增加。

这样，灯泡两端的电压随之变低，我们就可以看到灯泡的亮度变暗了。

4. 实例计算

笔者在 V_0=120 伏特的情况下做了这个实验，其中使用了一个 25 瓦特的台灯和一个 1500 瓦特的电热壶，假设连接线每段的电阻值 R_1 与 R_2 为 0.2 欧姆，我们计算一下在开关 S_4 断开与闭合两种状态下，电路中三个电压 V_1、V_2 与 V_3 的大小。

我们首先计算台灯与电热壶使用时的电阻，一个电阻 R 两端电压为 V 时，耗散的电功率为

$$P = \frac{V^2}{R} \qquad\qquad （4-4）$$

不难算出 25 瓦特的台灯的工作电阻为 576 欧姆，而 1500 瓦特的电热壶的工作电阻为 9.6 欧姆。

当开关 S_4 断开时，电路的总电阻为 $R_{AB}=R_1+R_2+R_3=0.2+0.2+576=576.4$。有了这个总电阻，可以算出电源的供电电流为

$$I = \frac{V}{R} \qquad\qquad （4-5）$$

即

$$I = 120/576.4 = 0.21$$

再根据式（4-3），可以算出 $V_1=V_2=0.04$ 伏特，而 $V_3=119.9$ 伏特。可见电源的电压大部分都加在台灯上，连接线造成的电压降很小。

当开关 S_4 闭合时，我们首先要根据式（4-1）计算台灯与电热壶并联后的电阻，这个数值为：$R_{CD}=9.4$ 欧姆，因此电路的总电阻为 $R_{AB}=R_1+R_2+R_{CD}=0.2+0.2+9.4=9.8$ 欧姆。由此可以算出电源的供电电流为：$I=120/9.8=12.2$。

再根据式（4-3），可以算出 $V_1=V_2=2.44$ 伏，而 $V_3=115$ 伏。可见连接线造成了比较可观的电压降，台灯上分配的电压因而变小了。这个电压的减少量是原来数值的 4% 左右，对应的灯泡功率变化大约 8%，人的肉眼已经可以察觉由此带

来的台灯灯泡亮度的变化。这个数值与我们前面用亮度计测得的结果非常接近。

这个实验中发现的现象，很多我们可能在日常生活中已经遇到过，比如，家中某些大功率的电器（如空调等）突然启动运转时，照明灯灯光会突然变暗；甚至在建筑工地或工厂里，突然开动用电的大型机械设备时，也会导致附近的住宅或学校里的照明灯突然变暗。另外，汽车在夜间启动时，我们也能看到汽车的车灯变暗。这是由于司机扭转钥匙启动汽车时，一个大功率的电动机被接入，使发动机旋转。这个电动机需要汽车的电瓶提供很大的电流，它在电瓶的内阻上产生一个比较大的电压降，使得电瓶的输出电压变低。

电热壶可以近似地看成是一个电阻值恒定的电阻，但对于电动机这样一类用电负荷，就不能看成是固定电阻了。笔者用一个吸尘器代替前面实验中使用的电热壶重复这个实验，得到如图 4-12 所示的结果。吸尘器的电动机在接通电源前是静止的，这样，它在接通电源的瞬间流过的电流就很大，因此，我们从图中可以看到一个比较大的冲击尖峰。随着电动机转动起来，其线圈内产生与外界供电电源方向相反的感生电动势，流过电动机的电流就会相应减少。我们还可以看到，在第二次接通开关时，由于电动机没有完全停止转动，因而第二次的冲击尖峰比第一次要小。

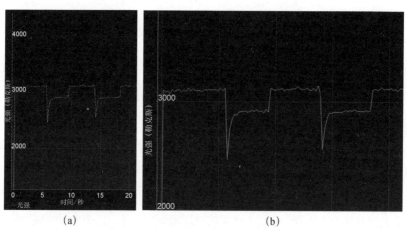

图 4-12　电动机对供电电路电压的影响

5. 牛轭湖

我们还可以通过一个地理现象理解这个实验。考虑如图 4-13 所示的一段河流。河流的上游 A 与下游 B 之间存在一个水位差，河水以一定的流量流过这些河段。注意每个河段对河水存在一定的阻滞作用，相当于电路中的电阻。河流在长期的水流冲刷作用下，变成蜿蜒的曲线，而弯曲的河道往往更容易被冲刷，这就使得河道变得更加弯曲。

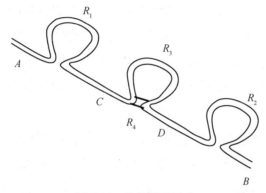

图 4-13　牛轭湖的形成

设想在遇到较大的洪水时，C 和 D 点之间的地峡被冲开，水流就会在这两点之间冲出一条新的河道 R_4。短而直的新河道对水的阻滞作用很小，使得大部分河水都从新河道流过，而流过旧河道 R_3 的水流量就会变得很小。这就像是我们看到台灯亮度变暗的现象。这种地理现象是真实存在的，河流的故道在洪水退后往往阻塞而成为湖泊，这种湖泊是半圆弧形的，很像牛拉车用的牛轭，故称为牛轭湖。

读者可以自行查阅湖北省荆州市监利县的地图，可以看到多个牛轭湖。而且非常有趣的是，这些牛轭湖大多位于长江的左岸，有兴趣的读者可以进一步了解与研究。

三、亮度调节器

如果希望连续地调节一个灯泡的亮度，该采取什么方法实现呢？有的读者可能会想到用可变电阻与灯泡串联。在供电电压固定的情况下，改变电阻就可以改变流过灯泡的电流，从而改变灯泡的亮度。这个方法有个问题，就是电阻本身造成的功率消耗。当我们把亮度调到最高时，问题还不大，因为这时电阻比较小，整个供电的电压基本上加在灯泡上，电阻的功率消耗不大。灯泡的亮度调到最低时也不要紧，因为这时电阻比较大，流过的电流比较小，电阻的功率消耗也不大。电阻功率消耗最大的情况是在灯泡调到中等亮度的时候，电阻上承受的电压与流过的电流都不小，电功率是电压与电流的乘积。电阻消耗了电功率就会发热，造成能量浪费。此外，如果不能有效地散热，还会有失火的危险。

对于交流供电的照明系统，也可以用一个电容器与灯泡串联，这样能降低流过灯泡的电流，降低灯泡的亮度。电容器不消耗电能，也不会发热。不过，要做成可变电容量的电容器相对比较麻烦，故用这种方法很难实现连续调节亮度。

1. 可控硅亮度控制器

目前，市场上大多数家用的亮度控制器（图 4-14）都是用可控硅器件来实现亮度调节。这种方法实际是让脉冲电流流过灯泡，通过调节脉冲的占空比来改变灯泡的平均功率，从而实现灯泡亮度的调节。当可控硅器件与灯泡串联接入交流电源时，加在它们两端的电压是一个正弦波。可控硅在没有受到外界触发的情况下，处于关断状态，几乎没有电流流过可控硅器件和灯泡。而当电源电压处于正向，同时外界触发电路在可控硅的控制极加上一定电压时，可控硅就会导通，直到电源电压变成 0 或负向。如果延迟触发，可控硅在一个周期内的导通时间就比较短，或者说占空比比较小，灯的亮度就会比较弱。

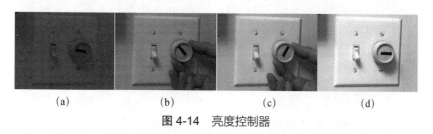

(a)　　　　　(b)　　　　　(c)　　　　　(d)

图 4-14　亮度控制器

2. 利用占空比调节亮度的实验

当脉冲电流流过灯泡时，灯泡实际上处于不停的亮暗交替之中。只要脉冲的频率足够快，我们就不会感觉到灯泡的闪烁。如果我们调节灯泡亮与暗时间的比例，即脉冲的占空比，就可以调节灯泡的亮度。调节占空比有两种方法，一是保持每个脉冲的宽度不变，通过改变脉冲的频率来改变占空比；二是保持脉冲的频率不变，通过改变脉冲的宽度来改变占空比。

在后面的两个实验中，我们把一个发光二极管和一个 200 欧姆左右的限流电阻串联，然后接在一个信号发生器的输出端。不同品牌的信号发生器的最高输出电压可能不同，但要让发光二极管亮，至少要达到 2 伏特以上，通常调到 5～7 伏特时效果比较明显。另外，还要注意发光二极管的极性，如果接反，则发光二极管不会亮。

将信号发生器的脉冲宽度设定在一个固定值，如 0.1 微秒，然后逐渐改变信号发射器的输出频率，就可以看到发光二极管的亮度连续地变化，如图 4-15 所示。如果将信号发生器频率固定，逐渐增加信号的宽度，就可以看到发光二极管的亮度逐渐地增加，如图 4-16 所示。不难理解，当脉冲信号处于高电平时，发光二极管点亮。因此，高电平所占时间的比例越大，发光二极管就会越亮。

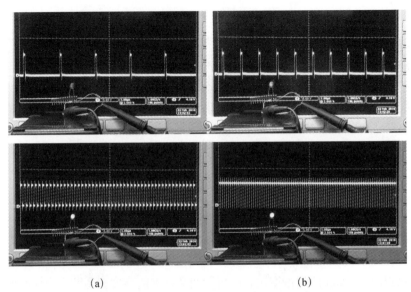

(a)　　　　　　　　　　　　　　　　(b)

图 4-15　脉冲宽度固定时，频率对亮度的影响

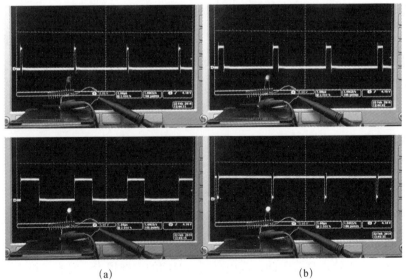

(a)　　　　　　　　　　　　　　　　(b)

图 4-16　频率固定时，脉冲宽度对亮度的影响

在上面两个实验中，如果注意观察就会发现，我们感觉到的亮度与占空比似乎并不是线性关系。比如，占空比从 10% 变到 20% 时，我们感觉亮度变了很多；但占空比从 80% 变到 90% 时，就看不出太大的差别。不论是用肉眼观察还是照相记录都能感觉到这点。眼睛或照相机这种性能的机理超出了我们本书的范围，有兴趣的读者可以进一步查阅有关资料。我们这里仅指出一点，很多具有较大动态范围的感官或仪器都有类似的性质。

四、双频蜂鸣器

扬声器是把电能变换为声音的器件，但如果简单地把电池和扬声器连接，只能听到"哒"的一声，并不能产生连续的声音，无法用来作为门铃或其他警示信号。声音是由扬声器纸盆振动产生的，电池输出的直流电必须由某个器件调制，使之成为变化的电信号，这样扬声器才能发出连续的声音。

在这个实验中，我们利用扬声器纸盆的运动，用机械方法来调制电流，制作一个简单的蜂鸣器。我们制作的蜂鸣器实际上是一个振荡器，虽然用的是简单的机械方法，却包含了很多在数学和物理学中非常重要的概念。希望通过这个实验，大家能对这些概念获得一些更直观的感受，将来学到这些概念时就相对比较容易理解。

> ☞ 安全提示：这个实验涉及一些焊接工作，应注意防止手指被烫伤。此外，焊料有可能飞溅，应戴好防护眼镜。

1. 制作蜂鸣器

首先测定扬声器的正负极，将电池的两极分别接到扬声器的两个输入端，注意观察纸盆是向外还是向内运动。如果对调电池两极，纸盆的运动方向也会反过来。纸盆向外运动时，电池正极所连接的输入端叫作扬声器的正极，焊上一个红色导线，另一端叫作负极，焊上黑色导线。将细导线焊接在一小片铜箔上，再将铜箔粘在扬声器纸盆上，铜箔上的导线与扬声器负极连接。将两根制作印刷电路用的覆铜板窄条用螺丝固定在扬声器的外框上，使得上面窄条的高度可以通过调整螺母来改变，如图 4-17 所示。

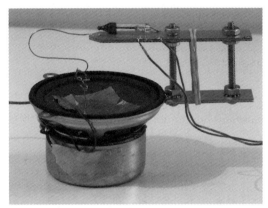

图 4-17　用扬声器制作的蜂鸣器

把一根单芯导线的塑料绝缘皮剥开较长一段，以减少这段导线的弹性，焊在上面覆铜板的尖端。然后仔细弯折这段导线，使它的下部尖端与铜箔接触，这样就形成一个断续器。找一根导线，焊接在覆铜板上，用来与外界电源连接（图中覆铜板上的小灯泡是做下一个实验用的，我们在后面会单独讨论）。

将电池的两极与扬声器正极及断续器导线分别连接，这时就可以听到蜂鸣声。如果没有声音，可能是导线尖端没有碰到铜箔，或者是压得太紧，轻轻地做些微调就可以听到声音了。

导线尖端与铜箔组成一个断续器，平时将电路接通。当电流通过扬声器时，纸盆带动铜箔运动，就使铜箔和导线分开，于是，扬声器断电，纸盆恢复到原来位置，电路又重新接通，这个过程周而复始，就产生了蜂鸣声。

2. 蜂鸣器为什么会有两个频率?

将电池的两极对调，这时可以听到蜂鸣声的频率改变了。也就是说，这个蜂鸣器存在两个工作频率，分别对应于电源与扬声器连接的两个极性。这个现象和断续器的工作方式有关。当电池与扬声器反向连接时，电流接通后，扬声器的纸盆带动铜箔向内运动，导线尖端基本不运动，这样二者分离，电路断开。扬声器纸盆质量比较轻，弹性相对比较大，断电后可以很快恢复原状。整个过程的时间比较短，在这种情况下，听到的蜂鸣声频率就比较高。

如果把电池与扬声器正向连接，电路接通时，纸盆带动铜箔向外运动，导线也被向外推动飞开，使电路切断。断电后，纸盆和铜箔很快恢复到原来位置，但导线则要依靠其弹力回到原位。整个过程的时间比较长，因此这种情况下，蜂鸣声的频率比较低。

一个系统的振动频率，通常需要两个因素决定，对机械振动而言，这两个因素一个是惯性，一个是恢复力。惯性通常和物体的质量有关，而恢复力则和物体的弹性系数有关。惯性越大，物体恢复原位需要的时间就越长；而弹性越强，物体恢复原位需要的时间就越短。因此，相对比较硬或比较轻的物体，其振动频率就比较高；反之，比较软或比较重的物体的振动频率比较低。在这个蜂鸣器中，我们已经看到了物体的质量及弹性系数对振动频率的影响。

蜂鸣器发出声音，以及运动过程中克服阻力发热都会消耗能量，一个系统要持续振荡，必须有外界能量的补充，而这部分能量必须与系统振荡的相位一致，也就是说，必须朝正确的运动方向推动而不能相反。同时，每个周期补充的能量必须与每个周期消耗的能量相同，否则这个振荡就会越来越弱或越来越强。用电子学的术语来说，就是电路在给定的振荡频率要有一个正反馈，其反馈系数为+1。

在这个蜂鸣器中，电池是能量补充的来源，而断续器则确保在给定的频率有一个正反馈，也就是说，当铜箔与导线尖端恢复接触时，电路接通，扬声器得到能量，继续下一个周期的振荡。这个过程的反馈系数是由导线尖端与铜箔接触的时间长短决定的，当导线压在铜箔上的压力在一个适当的范围内时，反馈系数可以自动达到+1。

如果能够找到可以连续调整电压的电源，建议做一做以下的实验。把电源电压先调到 0，将电源与蜂鸣器反向连接，然后将电压缓慢地调到 1.5 伏特，这种情况下，扬声器会在电压高到一定程度时开始振荡。但如果把电源极性调换，当电压缓慢调高时，扬声器的纸盆会逐渐向外推，却不会振荡。可以看出，这是由于纸盆缓慢外推时，铜箔和导线始终接触，导线没有飞离铜箔而使得振荡无法开始。这个实验告诉我们，一个振荡器如果设计得不好，则有可能不会自主起振。更有甚者，一个振荡器遇到电压波动等问题时，还有可能造成停振，这都是在实际工作中要考虑的问题。

3. 用蜂鸣器演示改变灯泡亮度

我们前面谈到利用脉冲电源的占空比可以调节灯泡的亮度。如果读者没有条件找到合适的信号发生器，可以用我们制作的蜂鸣器来观察占空比对灯泡亮度的影响。实验装置如图 4-18 所示。将一个小灯泡与我们制作的双频蜂鸣器串联，注意我们这里用的不是发光二极管，多数电子产品中用的发光二极管正常发光时的电流通常不超过 50 毫安，必须与一个限流电阻串联，而经过限流后这个电流可能不足以使蜂鸣器振荡。我们用的小灯泡的工作电流大约为 300 毫安，这种情况下，蜂鸣器比较容易振荡。当蜂鸣器振荡起来时，可以看到灯泡微微发亮，我们可以用手阻挡触针支架，使之停止振荡，可以看到，灯泡在通过恒定电流即占空比为 100%时，亮度要大得多。

（a） （b）

图 4-18 蜂鸣器与小灯泡串联振动时（a）及停止振动时（b）的情形

五、数字信息到模拟量的转换

对于计算机系统而言，信息分为数字量与模拟量两大类。数字量是由计算机内部电路的高电平与低电平来表示的，通常高电平为 1，低电平为 0；而模拟量则是外界的一个连续的量，如温度或电压。为了能用计算机内的数据控制外界，我们经常需要使用数模转换（DAC）器件，将数字量变成相应的电压量。

1. 脉冲宽度调制与数模转换

数模转换的方法很多，其中一种方法是通过调整脉冲宽度来实现的，如图 4-19 所示。不同宽度的脉冲是由一个比较器来生成的，比较器有两个输入口，其中，A 口输入需要转换的数字量，这个数字量是由若干位二进制数位组成的，B 口与一个位数相同的计数器连接，计数器每个时钟周期输出的数字增加 1。当 A 口上的数字大于 B 口上的数字时，比较器输出高电平，否则输出低电平。这样，输出脉冲的宽度就由 A 口的输入数字决定。比如，当 A 口和 B 口都是 6 位时，B 口所接的计数器循环不停地从 0 计数到 63，假设 A 口的输入数字为二进制 001011，即十进制 19，则当计数器从 0 计数到 18 这段时间内，比较器的输出为 1，从 19 到 63 这段时间内输出为 0。这样一个脉冲序列的占空比为 19/64，约等于30%。如果脉冲的电压幅度为1伏特，则输出的信号经过平均后相当于0.3伏特，而如果假设A口的输入数字为二进制100100，即十进制36。这样一个脉冲序列的占空比为36/64，约等于56%。如果脉冲的电压幅度为1伏特，则输出的信号经过平均后相当于0.56伏特。比较器的输出端连接了一个电阻和电容，它们组成一个滤波器，其作用是把输出的脉冲信号平均成一个与占空比成正比的平缓的电压。

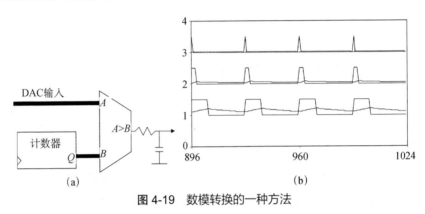

图 4-19　数模转换的一种方法

2. 数模转换的应用实例

在数字化与计算机技术长足发展的今天，我们遇到的大部分信号处理问题都可以在数字系统中实现，不过当我们需要将数字处理的结果呈现出来时，数模转换往往是不可或缺的。比如，我们用的手机中的语音信息在处理与传输过程中完全是数字化的。而当我们最终希望听到这个语音信号时，就必须使用一个数模转换器件，把数字量转换为电压量，然后驱动耳机或扬声器，变成声波。

前面谈到的脉冲宽度调制的方法，可以用在数字系统中需要发光二极管显示不同亮度的情况，有些系统中，如果让发光二极管显示一个固定的亮度，很难通过显示判断系统是否良好。而如果让发光二极管显示的亮度不断变化，则可以得到更多系统工作状态的信息。近年来，很多笔记本计算机上的发光二极管会以呼吸灯的方式显示工作状况。呼吸灯是指其发光强度不停地由明到暗或由暗到明地变化，其变化速率与人的呼吸节奏相似。

呼吸灯的一种实现方式就是利用数字电路改变输出信号的占空比。系统控制输出脉冲的占空比时高时低，只要脉冲的重复频率足够快，它所驱动的发光二极管就不会呈现出闪烁，而是呈现出亮暗变化。如果读者有机会用微处理器或现场可编程门阵列（FPGA）器件制作数字控制电路，希望可以实际试验一下这个模数转换电路。

六、交流电的可视化

本节中，我们通过两个简单的实验来直观地观察交流电。

1. 发光二极管显示的交流电

我们的日常用电是交流电。在下面这个实验中，我们将制作一个小玩具，用以显示交流电的性质。

这个实验中需要用到一个变压器、两个发光二极管（可以一红一绿）、两个电阻（约 500 欧姆），见图 4-20。变压器可以用淘汰家用电子产品配置的交流转换器。注意，要选用输出为交流（AC）的转换器，不要用输出为直流（DC）的。

为了解释两种转换器的异同，我们将一个交流到直流的转换器拆开，如图 4-21 所示。转换器中最主要的部件是一个变压器，变压器包含初级线圈和次级线圈两组线圈。初级线圈直接与家中的交流电源插座相接，产生变化的磁场，通过铁芯耦合到次级线圈，通过电磁感应产生一个电压较低的交流电。由于用户可能接触到次级线圈电路，因此初级线圈与次级线圈之间是完全绝缘的，以确保用户的安全。

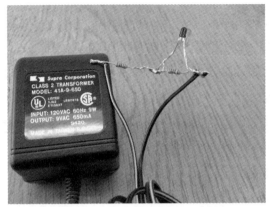

图 4-20　交流电可视化实验装置

(a)　　　　　　　　　　　　(b)

图 4-21　交流到直流转换器的内部构造

交流到交流的转换器实质上就是一个变压器，而交流到直流的转换器则包含了一个整流电路。从上面图中可以清楚地看出，这一整流电路是由四个半导体二极管及电阻电容等零件构成的。

我们的实验需要选用交流-交流转换器，以获得一个低压交流电，整流电路对我们的实验是多余的，因此要仔细挑选，使用正确的转换器。

☞ **安全提示**：请不要自行修改转换器，将交流-直流转换器中的整流电路拆除以代替交流-交流转换器。经过自行修改过的用电器，有比较大的概率会带来安全隐患。

我们将发光二极管、电阻及变压器的输出端按图 4-22 所示电路焊接在一起。

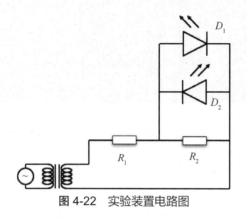

图 4-22　实验装置电路图

注意：两个发光二极管的极性要相反，这样它们才会交替地发光。两个电阻的数值在 500 欧姆左右，可以通过试验选择合适的电阻阻值，使得发光二极管的亮度适中。电路焊接好后要将裸露的金属部分用塑料电胶带包裹好，以防止这些金属互相碰触造成短路。

安全提示：做这个实验时，注意做好绝缘处理。此外，在任何情况下，不要独自做有任何危险的实验。尽管本书中选择的实验都是危险系数较低的，但仍希望读者养成良好的安全习惯。这个实验后面的观察工作一定要有其他成年人在场，以避免发生任何危害。

当把变压器插到家中的电源插座时，可以看到两个发光二极管发出红光和绿光。如果将两个发光二极管甩动，则可以看到红绿间隔的亮线，如图 4-23 所示。如果希望拍摄到这个现象，需要采取若干措施。首先照相机要稳定地固定在三脚架上或放置在桌面上。你可以根据自己喜欢的艺术风格，将照相机的快门设置为 1～10 秒。笔者用的是 2 秒的快门，以显示适当长度又不是很繁杂的亮线。快门应采取延时开启或无线开启的方式，以避免照相机拍摄时震动。

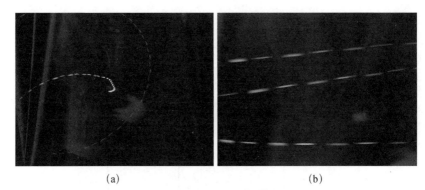

(a)　　　　　　　　　　　　(b)

图 4-23　发光二极管发出的红绿相间亮线（书末附彩图）

拍摄的背景应该选择深色，以突出显示发光二极管产生的亮线。尤其需要提醒的是，甩动发光二极管的手要戴上黑色手套，否则手反射的光会在照片上变成一团棕色的云雾，影响照片的效果。发光二极管只能在电流从其正极流向负极的方向发光，而交流电是正反方向交替的，于是每一瞬间只可能有一个发光二极管亮。不过，如果仔细观察拍摄到的亮线，可以看到两个发光二极管的发光段不是连接的，它们之间存在一个间隔。发光二极管需要外接的正向电压达到一定数值时才会发光，这个电压是 1.8～3.3 伏特。在这个电路中，从变压器次级输出的交流电不停地从正向转换到反向，再转换回来。在转换的瞬间，一个发光二极管已经熄灭，而另一个两端还没有达到正向电压，因此没有点亮，就造成了这样一个间隔。

2. 用手机照片显示交流电

在日光灯中，汞蒸汽在电场作用下发出紫外线，紫外线又激发灯管内壁的荧光粉发出可见光。我们的日常用电是交流电，日光灯用交流电点亮时，多少会有些闪烁。交流电频率在中国是 50 赫兹，在北美是 60 赫兹，由此使得日光灯每秒闪烁 100 次或 120 次。我们可以用手机拍摄到这个现象。如图 4-24 所示，图中暗的部分，就是日光灯闪烁时短时熄灭的瞬间。

图 4-24　手机拍摄的环形荧光灯

我们前面谈到过，用手机照相机拍摄时，获取的不是感光元件上一瞬间的光强分布，而是通过逐行扫描得到的在不同时间上的光强分布。拍摄这张照片的照相机，扫过整个画面需要将近 1/20 秒，这样就可以捕捉到大约 6 次明暗变化。

手机照相机通常会根据光强来调节摄像头的工作状况，我们拍摄这张照片时，需要调整手机到灯管的距离，使得光强适当，从而在取景屏幕上看到稳定的条纹。

实际上，我们还可以通过一个更简单的实验来观察交流电交变引起的闪烁，这个实验只需要手拿一根筷子，在日光灯下左右挥动即可，如图 4-25 所示。当挥动筷子的时候，日光灯的闪烁使得筷子扫过的扇面看上去不是均匀的白色表面，而是变得亮暗相间的，有点像散开的一把筷子。实际上，人眼对于光强变化的敏感度往往比照相机要好，因此，用肉眼直接观察这个现象比照片所显示的要更加明显。我们如果把一辆自行车翻过来，让车轮转动，在日光灯下观察车轮的辐条，也能看到日光灯闪烁带来的有趣效应。

图 4-25　在日光灯下挥动筷子的情形

扫一扫，观看相关实验视频。

第五章　奇妙的理想气体和饱和水蒸气

气体分子温度高了之后，运动就更加剧烈，如果这些分子占据的空间不变，则气体对容器壁的压强会增加，而如果压强不变，则它们就必须占据更大的体积。在压强不变的情况下，理想气体占据的体积与气体的绝对温度成正比。严格地讲，真正的理想气体并不存在。但是当一种气体处于远高于其液化点的温度和压强时，这种气体往往可以近似地看成是理想气体。比如空气中的氮和氧，在室温和一个大气压的条件下，其状态近似地符合理想气体公式。而另一方面，当水处于气态与液态的平衡点时，其气态部分叫作饱和水蒸气，饱和水蒸气有一些非常有趣的性质，与理想气体有很大的不同。

本章中，我们将通过几个实验来揭示理想气体与饱和水蒸气的有趣性质。

一、热力喷泉

在这个实验中，我们做一个热力喷泉玩具，以此直观地了解理想气体的性质。

1. 实验器材与实验过程

找一个带塑料盖的瓶子，最理想的是玻璃瓶，用比较厚的塑料饮料瓶也可以。在瓶盖上斜着打一个孔，孔的直径为 0.2～0.5 毫米，其轴线与瓶盖表面的角度最好小于 30 度。我们用一个废弃泡沫塑料杯做一个支架，在杯子壁上剪一个缺口，缺口的大小应可以卡住瓶子。逐渐调整缺口的深度，让瓶子可以倒着斜放在杯子上，如图 5-1 所示。支架也可以用金属丝来制作。在瓶子中灌入约 1/3 的水，倒着斜放在支架上，注意让瓶盖上的斜孔向上。把 70～80 摄氏度的热水缓缓地浇在瓶子上部，注意：为了安全，要把热水倒入一个小杯子中，然后拿着小杯子浇，而不要直接用水壶或热水瓶浇。热水将瓶子里的空气加热后，空气体积变大，这时我们可以看到水从瓶盖上的小孔喷射出来。

(a)   (b)

图 5-1　热力喷泉实验

等瓶子和它内部的空气冷却，这时我们可以看到瓶子外的空气一点点地从小孔被吸入瓶子中，瓶子中的水中冒出一个个气泡。等到瓶子里停止冒泡，其内部空气已经冷却。这时，我们再用热水浇瓶子，就又能看到喷水了。如此重复几次，瓶子里的水就会喷空。

2. 原理讨论

瓶子里的水喷出来，是由于瓶子里的气体压强大于瓶外的压强，那么，有什么办法可以让瓶子里的气体的压强增大呢？我们看一下理想气体的状态公式：

$$pV = nRT \qquad\qquad (5\text{-}1)$$

其中，R 是一个常数，其余四个都是变量，所以共有三个因素可以影响压强 p。我们已经看到温度对压强的影响，而气体的体积 V 及气体的摩尔数 n 都会影响压强。比如，如果我们挤压瓶子，瓶子里的气体体积 V 变小了，压强就会变大，而使水喷出来。我们还可以用嘴对着瓶盖上的小孔吹气，让瓶子里的气体多一些，也就是让 n 变大，然后嘴离开瓶盖，瓶子里的水也会喷出来。

加热改变的是温度 T，我们现在估算一下，用热水浇瓶子会挤出多少水。当一定数量的理想气体的温度从 T_0 变到 T_1 时，如果气体最终的压强不变，则它的体积在两个温度下分别是 V_0 和 V_1，于是，$V_1/V_0 = T_1/T_0$。注意：这里的温度是绝对温度。如果室温和热水的温度分别是 25 摄氏度和 75 摄氏度，则 $V_1/V_0 =$（75+273）/（25+273）=1.17。也就是说，可以挤出大约相当于原来空气体积 17%左右的水。

我们还可以试试将不同温度的水放到瓶子里，看哪种情况下瓶子里的水会较快喷空。我们先用冰水试验，在容器中放少量凉水，再放一些冰块，稍加搅拌，使得冰块充分融化但又没有全部消失。这样，水的温度接近 0 摄氏度。将冰水放入瓶子中，使其占瓶子容积一半左右。然后，重复用热水浇瓶子、让瓶子冷却进空气的步骤，看看经过几次可以把瓶子里的水喷空。我们再用 50 摄氏度左右的温水来试验，看看需要经过几次加热冷却的过程能够将瓶子里的水喷空。实验的结果和你原来的想象一致吗？我们把出现这一实验结果的原因留给读者思考。

二、自来水"火箭"

另一个很有趣的实验是自来水"火箭"，这个实验也是基于理想气体的性质。

1. 实验器材与实验过程

找一个 2 升左右容量的塑料瓶，瓶壁需要比较厚，可以承受一定的内部压力。将瓶口紧紧堵在浇花喷头上，瓶口向下，瓶底向上。打开浇花喷头，让水灌入瓶子中，如图 5-2 所示。随着水逐渐灌入，瓶内空气的体积被压缩得越来越小。当瓶里的空气体积不再变小时，空气被压缩到压强与自来水的压强基本一样，把手放开，让瓶里的压缩空气把水从朝下的瓶口喷出来。随着水逐渐喷出，整个瓶子就会像火箭一样向天上飞，做得好的时候，瓶子可以飞到 20～30 米的高度。不同地区的自来水的压强也不完全相同，但通常是高于环境 1～4 个大气压，这样可以确保水总是从水管向外流，一旦管线漏水，可以防止周围的污水进入输水系统。

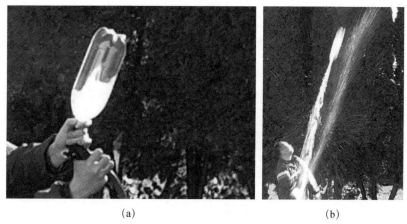

（a）   （b）

图 5-2　向塑料瓶中灌水（a）及自来水"火箭"起飞（b）的情景

要想让自来水"火箭"飞得高，最重要的是要防止瓶子里的空气漏出来，因此开始向瓶子里灌水时，一定要把瓶口紧紧地堵在喷头上，不让空气漏出来。当瓶子下部瓶口周围存了一部分水后，上部的空气就不会漏出来了。在灌水的过程中，即使有少许漏水，也不会影响自来水"火箭"的发射效果。

☞ **安全提示**：做这个实验时，务必注意安全。最好在空旷的地方进行，同时注意不要让飞起的瓶子伤到自己和他人。

2. 原理讨论

我们写出理想气体的状态公式 $pV=nRT$，瓶子里灌水时压缩空气的过程可以近似看成是等温压缩。在初始状态，瓶子里的空气压强是一个大气压。当灌入半瓶水后，空气体积减小为原来的一半，压强则增加到原来的两倍，即 2 个大气压。正是这部分压缩空气储存的能量，为自来水"火箭"提供了动力。

大家应该从电视上看到过航天发射的画面，因此对火箭并不会感到陌生。无论是自来水"火箭"还是真的火箭，都是靠向后喷射物质来获得推力的。在喷射物质时，火箭给了这些物质一个力，使它们从相对于火箭静止加速到一定速度。与此同时，这些物质也给火箭以反作用力，推动火箭向前飞行。

我们可以计算一下火箭的推力。假设火箭在 Δt 时间内，将 Δm 质量的燃料燃烧，使其从相对于火箭静止加速到速度 V。我们可以算出这部分燃料或它们最终烧成的气体受到火箭发动机的力 f，使它们得到一个平均加速度，它们之间的关系为

$$f = ma = \Delta m \frac{V - 0}{\Delta t} = V \frac{\Delta m}{\Delta t} \tag{5-2}$$

所以，火箭推力的大小由两个因素决定，一是燃料燃烧后的喷射速度，二是燃料的燃烧速率。至于火箭自己的速度变化，情况相对复杂一些。当火箭的总质量为 M 时，它的加速度为

$$a = \frac{f}{M(t)} \tag{5-3}$$

这个公式并不复杂，复杂的是，火箭的质量不是一个常数，而是随着火箭燃料的燃烧逐渐变小的，是一个时间的函数。因此在推力相同的情况下，火箭在刚发射阶段与燃料即将烧尽阶段，其加速度是不同的。

为了获得更高的最终飞行速度，火箭往往需要携带更多燃料。然而更多的燃料使得火箭的起飞质量增加，从而降低了起飞加速度，就不得不进一步让火箭携带更多的燃料。因此，我们看到航天发射所用的火箭通常都是非常重的。

三、易拉罐中的饱和水蒸气

中央电视台的大型科学实验节目《加油！向未来》，为观众呈现了许多有趣的科学实验，很值得家长和学生观看。我们在这里谈谈其中大铁桶瞬间被压垮的实验。实验中，一个大铁桶里一直烧着开水，实验人员将铁桶倒扣到常温水中，铁桶瞬间被压垮。

1. 实验现象

笔者在家中用易拉罐做了这个实验。由于危险系数比较高，因而不建议未成年读者做。成年读者在做这个实验时，必须提前做好安全防护措施。

> **安全提示**：这个实验有一定的危险性，绝对不可单独做。做这个实验时必须全程佩戴防护眼镜。易拉罐烧开水后非常烫，要注意戴好防护手套。手套要有一定的防水性，以免被热水浸湿烫伤手指。拿起易拉罐前要将炉火关闭，以防烧伤或引起火灾。

在易拉罐里放少量开水，在炉灶上烧开后让水蒸气充满内部空间，如图5-3 所示。关闭炉火后，将易拉罐拿起，然后倒扣在凉水中，即可看见易拉罐被迅速压扁，并发出响亮的声音。注意：将易拉罐翻转后稍微等一小段时间，让其中的开水倒出，再将易拉罐扣入凉水中，这样易拉罐更容易被压扁。

（a）　　　　　　　　　　（b）

图 5-3　易拉罐被压扁的实验

由于易拉罐里一直烧着开水，因此可以假定在易拉罐内基本上已经没有空气，只存在液态水和水蒸气。在一个空间中如果只存在水和水蒸气而没有其他气体，我们就称这种水蒸气为饱和水蒸气。饱和水蒸气对容器的内壁施加一定的压强，我们称它为饱和蒸汽压。饱和水蒸气与我们熟悉的理想气体（如常温常压下的干燥空气）的性质很不同。

2. 饱和水蒸气与理想气体的不同

首先，饱和蒸汽压随温度的变化非常急剧。在 100 摄氏度，饱和蒸汽压为 1 个大气压，而在 20 摄氏度时，饱和蒸汽压急剧降低为 0.02 个大气压。从图 5-4 可以直观地看出饱和蒸汽压随温度的变化。作为比较，我们同时画出了理想气体气压随温度的变化曲线。由此可见，当实验中将易拉罐倒扣到常温水中时，如果罐内蒸汽的温度降低至 20 摄氏度，其压强急剧降低，内外的压强差达到 1 个大气压的 98%左右，如图 5-5 所示，这个压强差非常大。

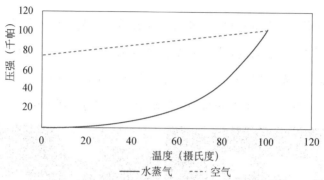

图 5-4 饱和水蒸气压强与空气压强随温度的变化

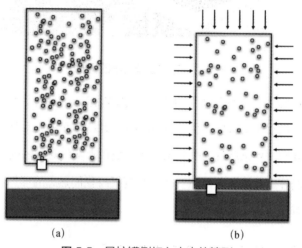

图 5-5 易拉罐倒扣入水中的情形

　　一个大气压在每平方米面积上大约产生 10 万牛顿的压力，相当于 10 吨的重量。一个直径为 6～7 厘米、高约 10 厘米的易拉罐，其侧面面积约为 0.02 平方米，总受力可以达到 2000 牛顿左右（折合约 200 千克）重量。这样大一个力，足够将罐体迅速压扁。

　　有的读者也许会问，如果把常温水换成冰水，实验效果是不是更加显著呢？当水温为 0 摄氏度时，饱和蒸气压为 0.006 个大气压，的确比 20 摄氏度时低很多。不过，压垮易拉罐的是其内外的压强差，当我们把 20 摄氏度的水换成 0 摄氏度的水时, 这个压强差仅仅从 1 个大气压的 98%左右增加到 1 个大气压的 99.4%左右。因此, 实验效果看上去应该没有显著的不同。不过, 如果把 20 摄氏度的水换成 80 摄氏度的水, 这时内外压强差减少为一个大气压的 53%左右, 在这种情况下, 也许可以看出一些不同。

有的读者可能会问, 如果我们在易拉罐中不用水蒸气而是直接将空气加热, 实验的效果会怎样呢? 空气不是也有热胀冷缩效应吗? 我们从图 5-4 中的虚线曲线可以看出, 空气压强的确会随温度变化, 但这个变化没有那么剧烈, 图中的曲线是根据下面这个理想气体状态方程画出的:

$$pV = nRT \tag{5-4}$$

注意: 这里温度 T 要用绝对温标的数值。假设体积 V 不变, 当空气从 100 摄氏度降低到 20 摄氏度时, 压强仅降低到原来的 80%左右。这样, 易拉罐内外的压强差就只有一个大气压的 20%左右, 远低于用水蒸气的情况。

对于任意气体, 温度降低使得其中的分子运动的平均速度变慢, 于是它们撞击容器壁的力道就没有那么大了, 由此带来压强下降。而对水蒸气, 除了平均速度变慢, 它的很多分子在温度下降后还会被液态水俘获而不再放出来, 这样空间中的水蒸气分子的个数也减少了, 因此, 饱和水蒸气降温后, 压强比同样条件下的空气降低得要剧烈得多。

饱和水蒸气的另一个重要性质是它的压强不随空间体积改变。实验中, 常温水是会被外界大气压进易拉罐的, 因此水蒸气占有的空间会被逐渐压缩。根据我们从空气等气体获得的直觉经验, 体积变小了, 似乎罐内的压强应该变大, 因而内外压强差应该逐步变小。事实却不是这样, 当饱和水蒸气与水同时存在时, 压缩它们所占有的空间会使水蒸气中的水分子凝聚到液态水中, 使得空间中的水蒸气分子个数相应减少, 但是水蒸气的压强并不随着体积变化。

在这个实验中, 易拉罐灌满常温水之前, 其内外压强差始终不会变小, 而灌满又需要很长一段时间, 足够大气压将罐体压垮了。

四、饱和水蒸气瓶中喷泉

我们前面谈到，水蒸气通常显现出与理想气体非常不同的特性。我们通过一个实验来进一步了解水蒸气与空气的不同。

1. 实验器材与实验过程

这个实验的危险系数比较高，因而不建议未成年读者做。成年读者做这个实验时，应该提前做好安全防护措施。

找两个有金属盖可以密封的玻璃瓶，如装果酱的瓶子，如图 5-6 所示，在盖子上打一个小孔。将一个瓶子内部擦干，把瓶盖拧紧，在另一个瓶子里放少量水，也把瓶盖拧紧。瓶里最好放刚烧开的开水，这样可以使其内尽可能充满水蒸气。把两个瓶子放进蒸锅里，瓶盖的小孔朝上，把蒸锅放到火上烧，让蒸锅里的水烧开并保持沸腾 20 分钟以上。为了提高导热效率，可以把瓶子下半部放在水中，但不要让水进到瓶子里。经过长时间的蒸煮，一个瓶子里的空气达到 100℃ 左右，原有的空气挤出一些。注意：在蒸煮的时候，不要过度调整火力，避免锅里的水一会儿开一会儿又冷下去，这种冷热变化会造成瓶子里的空气体积胀缩，从而把水蒸气吸入瓶内。另一个瓶子里原有一些水蒸气也有一些空气，温度变高后，瓶子里的水继续汽化，使瓶子里的空气逐渐变少，水蒸气所占的比例越来越大。

图 5-6　饱和水蒸气性质实验

下一步我们测量瓶子里的空气和水蒸气恢复到常温时各自的体积。为此，我们要把瓶子倒扣到水盆里。

> 🔍 **安全提示**：做这个实验时必须全程佩戴防护眼镜，并注意提前做好下面谈到的安全防范预案。整个实验过程中，可能会有热水飞溅的危险，因此必须全程佩戴防护眼镜。蒸煮玻璃瓶时应该有其他成年人在旁边，以减少事故发生的概率。很显然，经过长时间蒸煮，玻璃瓶会非常烫，应该避免用手直接接触。如果戴厚手套拿取，也应注意不要让热水湿入手套。最好是用合适的夹子或其他工具将瓶子从蒸锅中拿出。大部分质量比较好的果酱瓶可以耐受一定范围内的温度变化，但有些质量不好的玻璃瓶则可能破裂。因此，要做好瓶子破裂的处理预案，注意尽量让玻璃瓶处在水盆等容器里，不要让玻璃碎在地面上。含碎玻璃的水不可倒入下水池，而应用窗纱将碎玻璃过滤出来。可以将干的碎玻璃和一些小石子一起放在纸盒中，适当摇晃，让石子把玻璃的尖锐棱角磨钝，然后再丢弃，并在装有碎玻璃的垃圾袋上标明内有碎玻璃。

在做好各种防范准备措施后，可以进行下一步的实验了。准备好一个水盆，注意水不要太深，只要足够吸入瓶子的量就可以了。

为了能够比较清晰地观察现象或拍摄比较清楚的照片，可以在水中加入葡萄汁或茶等，然后将两个瓶子分别从蒸锅里取出，迅速倒扣到水里，如图 5-7 所示。可以看到，随着瓶子温度降低，两个瓶子都会吸进水，但进水的量和速度非常不同。装有干燥空气的瓶子只会慢慢地吸入少量水，就不再进水了；而装有水蒸气的瓶子，会有大量的水涌入，在瓶子里形成一个小喷泉，最后水几乎充满整个瓶子，如图 5-8 所示。

干燥空气的体积随温度的变化可以按照理想气体来估算，在压强不变的情况下，体积与气体的绝对温度成正比。假设经过蒸煮，瓶子里的空气达到 100 摄氏度，而冷却后的空气为 20 摄氏度，则两个状态下气体的体积比为 293/373=0.79。也就是说，装有干燥空气的瓶子，冷却后里面的空气体积缩小

80%左右，瓶子会吸入其体积20%左右的水。

（a）   （b）

图5-7　玻璃瓶中水蒸气的冷却过程

图5-8　实验结果

水蒸气的情况有很大不同，在水蒸气和液态水共存的体系里，当温度下降时，水蒸气可以几乎完全转换成为水，最后瓶子里的空间可以几乎完全被水充满。

2. 水的相变

为了更清楚地说明这一点，我们需要从水的相变谈起。相通常是指物质的气态、液态和固态三个相。当物质从一种状态变成另一种状态时，如从冰融化为液态水时，这种变化称为相变。在一个大气压（约100千帕）下，固态和液态的分界点在0摄氏度，也就是我们通常说的冰点。而液态和气态的分界点在100摄氏度，也就是沸点。

　　当一个瓶子里的水蒸气和液态水处于 100 摄氏度时，两者平衡于一个大气压。平衡是指水分子在液态和气态之间的运动平衡。只要不在绝对零度，物质分子总是处于不断的运动之中。液态水表面的分子会离开液体，进入瓶子里的空间，成为水蒸气，而水蒸气里的水分子会不断运动，有些会碰撞到液体表面，从而进入液体。当两者在相同时间内数量相同时，气态和液态两相达到平衡。由于气态中的分子在不断运动，它们会碰撞到周围的物体，如瓶壁，在单位面积上，这些分子碰撞产生的力的总和，形成一个持续的压力，这就是气体压强的来源。在 100 摄氏度时，水蒸气分子在 1 平方米面积上产生的压力大约是 10 万牛顿，也就是说，这时水蒸气的压强大约是 100 千帕，即一个大气压。当瓶子冷却时，水分子运动得没有原来剧烈了，比较多的水分子凝聚为液态，留在气态的分子少了，压强就会下降。

　　在我们的实验中，瓶子内外是连通的，由于瓶子里的水蒸气无法维持一个大气压，所以瓶子外面的水就会涌入瓶子。如果瓶子里没有残留的空气，瓶子里的空间可以被水完全填满。我们可能会有个直觉，认为水蒸气经过压缩，压强会提高。然而实际上，与理想气体不同，水蒸气被压缩后，水的分子并不保留在气体空间，而是进入液体空间，因此压强并不会提高。也就是说，水蒸气在比较低的温度几乎可以被无限压缩，直至体积接近于 0（严格说，是全部变成液态之后的体积）。

　　另外，随着温度提高，液体中的分子运动更加剧烈，以至于物质内的分子间作用力已经无法使物质保持液体状态，这个温度和对应的压强叫作临界点。临界点的各状态参数称为临界参数，对水蒸气来讲，其临界压强 P =22 兆帕，临界温度 T =374.15 摄氏度。当温度超过临界温度时，气体无法通过压缩变成液体。空气中的氧气与氮气，在室温下远超过其临界温度，它们的性质接近于理想气体。这时它们不会由于压缩而液化，压缩前与压缩后，空间中的分子个数基本不变，因而它们压缩后压强会变大。这就是理想气体与饱和水蒸气之间会有如此显著的差别的原因。

五、水是怎样烧开的？

在将水烧开的过程中可以观察到饱和水蒸气的典型性质。我们用一把玻璃的电热水壶将一壶水烧开。在烧水的过程中，用数字照相机拍摄慢动作录像，然后分析相关过程。

从自来水管中放出的水通常溶解了很多气体，随着温度升高，这些气体会从水中析出，因此刚开始烧水时会看到很多细小的气泡从壶的底部逐渐上升到水面。为了得到比较好的拍摄效果，我们将一壶水烧开，并且沸腾一段时间，以便把水中溶解的气体充分地赶出来，然后断电一段时间，让水冷却，再重新烧开，同时拍摄录像。水在即将烧开和完全烧开两种状态下，我们观察到的现象是不同的，下面分别进行介绍。

1. 水在即将烧开时的情况

水在尚未烧开的时候，可以看到水壶底部生成一些气泡，随后很快消失，这个过程如图 5-9 所示。

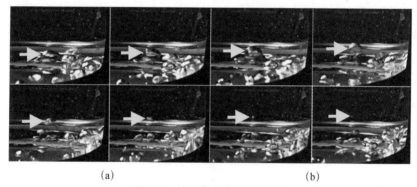

(a)   (b)

图 5-9　水即将烧开时的情景

烧水时，水壶底部的水被加热。与壶底金属直接接触的一部分水被加热到高于沸点，这部分水被汽化，生成水蒸气，逐渐形成气泡。当这些气泡足够大时，它们开始从壶底向上漂浮。在这些气泡上浮的过程中，周围的水的温度是低于沸点的，因此，气泡里的水蒸气在气泡的内壁迅速凝结为液态水，气泡的体积急剧变小，直至消失。整个过程非常快，通常很难用肉眼直接追踪到一个气泡的产生与消失过程。在图 5-9 中，我们的慢动作录像画面速度是 240 帧/秒，比通常的录像快 8 倍。两个画面之间的间隔为 2 帧，对应的时间间隔为 1/120 秒。图中用箭头标注了一个气泡的上浮与消失。可以看出，从第 5 个画面开始，气泡与壶底完全脱离，到第 8 个画面时，气泡几乎已经被完全压灭，这个过程大约持续 1/40 秒，即 25 毫秒左右。

2. 水在完全烧开时的情况

水在完全烧开的时候，可以看到水壶底部生成的气泡浮到水面上，上浮中气泡体积变大，这个过程如 5-10 所示。水烧开时，沸腾的过程非常剧烈，产生很多气泡，而且产生强烈的对流。为了比较清楚地拍摄跟踪其中一个气泡的演化过程，我们在水烧开后断电，让水的对流平静下来。这时，壶底电热器件的余热仍然可以将一部分水汽化，产生气泡上浮。我们用箭头跟踪一个气泡，由图可以看出在上浮的过程中气泡的体积是逐渐增大的。

当水烧开后，水的温度达到沸点。在接近水面的位置，压强低于水底的压强，水的温度甚至是超过沸点的。水体的温度超过沸点并不意味着它会立即汽化，通常汽化比较容易在气态和液态的界面上发生。当水下浮上来的气泡来到高于沸点的位置时，周围的水通过气泡的内壁变成水蒸气，使得气泡体积变大。壶底冒出的气泡是迅速膨胀还是被压灭，是判断水烧开了还是没有烧开的重要依据。

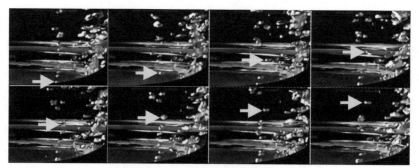

图 5-10　水完全烧开时的沸腾现象

扫一扫，观看相关实验视频。

第六章　旅途中的物理

衣食住行是人们生活之中的基本需求,出行活动,尤其是远距离的旅行中,包含许多科学知识。我们在这里讨论几个相关的话题。

一、飞机如何减速?

喷气式飞机是一种靠向后喷射物质获得推力的飞行器。当然,喷气发动机与火箭发动机不同,火箭喷射的完全是自己起飞时携带的燃料,而喷气发动机喷射的则主要是从发动机前方吸入的空气。

1. 喷气式飞机的发动机及其反喷

从图 6-1 中可见,喷气发动机有一个很大的进气口,里面还有压缩空气用的涡扇。飞机上的喷气发动机大多数情况下是向后喷气,以提供飞机的推力。然而在飞机着陆后,喷气发动机也会用来向前喷气,以尽快使飞机减速,缩短滑行距离。飞机着陆后发动机反喷的情景如图 6-2 所示。可以看到,发动机原来封闭的侧壁现在打开了,发动机原来向后喷的气流被导向侧壁的开口,向斜前方喷出,达到使飞机减速的目的。当飞机在高原机场降落或跑道不是很长时,发动机反喷是相对比较重要的，这个功能使得飞机可以在更多的机场起降。而当飞机在低海拔跑道较长的机场降落时，发动机反喷通常作为辅助的减速手段。

图 6-1　喷气发动机　　　　　　图 6-2　喷气发动机反喷时的情景

每天全世界乘坐飞机旅行的旅客不计其数，但很多人没有注意到飞机具有反喷功能。下次有机会乘坐飞机时，你可以注意观察一下，在机翼之前靠窗的座位是最佳的观察位置。此外，还可以注意听发动机的声音，通常在降落过程中，飞行员会将发动机的油门开得比较低，但当飞机着陆几秒钟后，飞行员会将油门开大，发动机的轰鸣声也变得比较响。与此同时，我们也会感受到方向向前、比较大的惯性力，显示飞机在减速。

2. 螺旋桨飞机的反桨

除了喷气式飞机可以通过反喷减速外，螺旋桨飞机也可以通过"反桨"来减速以减少在高原机场的降落滑跑距离。反桨的原理如图 6-3 所示。

提到反桨，很多人包括笔者首先想到的是将发动机反转。不过很多情况下，将发动机反转并不容易。因此，很多飞机是靠调节螺旋桨叶的角度来实现反桨的。飞行员经过传动机构，让桨叶绕着自己的轴线旋转，从而改变螺

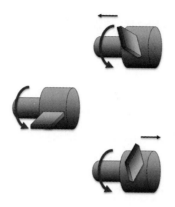

图 6-3 螺旋桨的反桨原理

旋桨的推力大小与方向。当发动机发生故障停机后，这个发动机的螺旋桨桨叶会被调成平行于飞行方向，以减少阻力，确保其他发动机可以驱动飞机安全降落。

二、飞机起飞的加速

这个实验中，我们用加速度计对飞机的加速过程做出评估。

1. 下载安装 APP

在智能手机 APP 商店中，输入关键词"加速度计"或"accelerometer"，就可以找到很多可以使用内置加速度测量芯片的 APP，从中挑选可以自动作图的。笔者用的是一款名为"sensor kinetic"的 APP。

📖 安全提示：实验所用的 APP 要从正规的网站下载，以免手机感染病毒。实验中，可以将手机的联网功能关闭，以免误触启动随 APP 推送的广告。

如果有条件，可以选用退役的智能手机，把其中各种重要信息和支付功能全部清除，这样可以进一步保障使用安全。

2. 观察飞机起飞的加速过程

一架客机起飞的过程如图 6-4 所示。测试时，将手机平放在座椅上，用手压住，图中中灰色曲线表示飞机飞行方向的加速度，深灰色曲线显示的是地球重力方向的加速度。飞机开始起飞时，发动机油门开到最大，产生一个很大的推力，在 5～10 秒这段时间中，看到 x 方向加速度达到一个较大数值（在 x 轴上，负值的方向代表加速度是向飞机飞行的方向的）。随后 30 多秒的时间里，飞机持续加速，由于速度不断加快，可以想象空气阻力也在增加，因此这段时间中，飞机的加速度逐渐降低。到 45 秒左右，飞机达到足够的速度，离开地面。这时我们看到 x 方向的加速度又有一个较大增加，这时由于飞机机头向上倾斜，一部分重量加入了 x 分量。

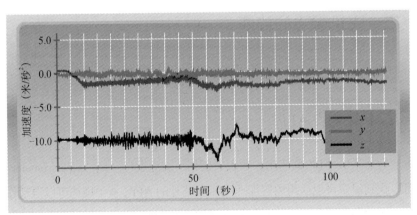

图 6-4　飞机起飞的加速过程

我们再注意看 z 分量，可以看出，在飞机起飞瞬间有一些超重，而飞机在上升过程中，出现多次失重与超重。这是因为飞机的爬升速率不均匀，加上不同高度的气流的影响，导致飞机忽上忽下。

这里需要重复很多书中已经重复多次的一个重要概念，物体运动的加速度和它的速度是两回事，两者不可混淆。所以，当飞机起飞时，加速度降低的时间段并不代表它变慢了。

我们可以根据物体的加速度，计算出经过一段时间后运动速度增加了多少。计算方法是对加速度进行时间积分。比如，在图 6-4 中，飞机从开始滑跑，到离开地面 30 秒左右时间中，平均加速度大约是 2 米/秒^2，那么在 30 秒中，飞机的速度就从 0 达到大约 60 米/秒，相当于 200 千米/时左右，这个起飞速度符合大部分商业客机的要求。

三、气垫船

气垫技术可以给人们带来非常奇妙的感受。气垫船或气垫车的底部通常像个倒扣的碟子，由风扇向底部的空间鼓风，形成气垫。物体悬浮在气垫上，可以几乎没有阻力地沿着水平方向运动。

在这个实验中，我们通过制作一个玩具气垫船，实际体验其中的物理原理。

制作玩具气垫船，会遇到和设计制造真的气垫船一样的问题。要想生成气垫，需要驱动一个功率相对比较大的风扇，能耗比较高，这是限制气垫技术推广应用的一个重要因素。同时，气垫的承载能力有限，因此，必须尽量减少各个系统的重量。

在设计真正的气垫船时，可以采用汽油或柴油发动机，从而在一定的重量下达到尽可能高的功率。而在我们的玩具气垫船中，只能使用电池和电动机，这就给我们带来了很大的挑战。

通过试验和对比，我们选用从老旧报废电脑中回收的冷却电风扇，取得了可接受的效果。形成的气垫，足够将风扇和电池承载起来。

> **安全提示**：做这个实验时，必须全程佩戴防护眼镜。实验中使用的风扇必须在装好防护网后才可以通电运转，以防打伤手指或杂物落入扇叶飞溅出来。如果从废旧电子产品中拆卸回收冷却电扇，应在成年人带领下进行。注意选择正确的工具，避免用力过猛，以防受伤。

1. 气垫船零件选备

在这个实验中选择合适的风扇是成功的关键。电脑或其他电子产品使用的冷却风扇有多种型号，直径、厚度、功率不尽相同。根据笔者的试验，直径为80毫米、厚度为20毫米左右、额定电压为12伏特，功率为2.5～5瓦特的无电刷电风扇比较适用。

船底使用薄塑料餐盘制作，也可用比较硬的纸盘。电源用两块9伏特电池，风扇在18伏特运转的功率大约是12伏特情况下的额定功率的2.2倍左右。连接9伏特电池的卡扣可以在电子元件商店买到，如果购买不便，可以从废电池上撬下来焊上两条导线代替。

2. 气垫船的制作与组装

在餐盘的底部找到圆心，把风扇出风口的形状画在餐盘上，同时标定风扇固定螺丝孔的位置。用尖锐的锥子打出固定螺丝孔，然后用刀片割出出风口。将金属窗纱按稍大于风扇的尺寸剪成防护网，将其边缘向内折叠，以避免窗纱的金属丝刺伤手指。将风扇和餐盘用螺丝固定在一起，安装前，再次确认一下风扇的鼓风方向。将防护网用螺丝固定在风扇顶部。整个气垫船的构造如图6-5所示。将两个9伏特的电池安好卡扣，分别用橡皮筋捆扎在风扇两侧，注意让两个电池处在对称位置。两个电池串联起来，亦即一个电池的正极与另一个电池的负极连接。将电池组的负极与风扇的黑色导线，正极与红色导线分别相连，这时风扇开始旋转，我们的玩具气垫船就可以在平整的桌面上滑行了。风扇向盘子下方鼓风时，导致盘子下方的空气压强大于盘子上方的空气压强，这样整个气垫船就被托举起来了。

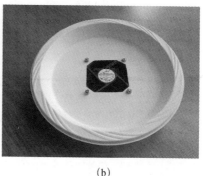

(a)   (b)

图 6-5 　气垫船构造

常见的额定功率为 2.5～5 瓦特的无电刷电风扇，在出风端完全被封闭的情况下，可以产生大约 75 帕的压强差。很多风扇制造厂商经常用英寸水柱（inch-H$_2$O）作为压强单位，75 帕大约是 0.3 英寸水柱。实际上气垫船是飘离支撑平面的，因此出风端不是完全封闭的，出风量越大则压强差越小。我们不妨按照大约 50 帕来估算，这个数值相当于每平方厘米可以托举起 0.5 克的重量。

如果盘子的直径为 20 厘米左右，不难算出，整个气垫船可以容许的最大重量大约为 160 克。这个限额几乎是风扇加两个 9 伏特电池所能达到的最小重量了。

由于我们用 18 伏特电池组来驱动 12 伏特的风扇，风扇的实际运行功率大约是额定功率的 2.2 倍左右。相应地，风扇的出风量和产生的压强差也会增加，这样，我们的气垫船的最大重量还可以稍微再大些。

我们估算一下电池的续航能力。如果我们所用风扇的额定功率为 4 瓦特，则实际运行功率为 9 瓦特左右，通过电扇的电流大约为 500 毫安。我们用的可充电电池的容量为 170 毫安时，所以，电池充足电后可以开动气垫船约 20 分钟，这个续航能力在可接受的范围内。

四、风扇艇

在一些湿地生态旅游景点，有时可以看到一种奇特的游览船，如图 6-6 所示。这种船叫作风扇艇，它是一种平底船，最主要的特点是靠装在船体上方的风扇或螺旋桨来推进，在水下没有任何运动部件。风扇艇吃水很浅，由于没有水下推进器，因此不会损伤水中的鱼类和植物。风扇艇的航道，可以浅得足以让水草从水底长出水面。风扇艇开过，水草被压弯，但不会折断，船过之后，又恢复原状。风扇艇还可以用于援救被洪水围困的人员。在任何过浅或水下情况复杂不便使用水下推进器的水域，风扇艇都可以发挥作用。

(a)　　　　　　　　　　　　　　(b)

图 6-6　风扇艇（a）和风扇艇在浅水航道航行（b）

1. 风扇艇的制作与组装

在这个实验中，我们来做一个玩具风扇艇。

🖢 **安全提示：** 做这个实验时，必须全程佩戴防护眼镜。实验中使用的风扇必须在装好防护网后才可以通电运转，以防打伤手指或杂物落入扇叶飞溅出来。如果从废旧电子产品中拆卸回收冷却电扇，应在成年人带领下进行。注意选择正确的工具，避免用力过猛，以防受伤。如果在天然水域进行航行试验，需要提前做好人身安全防范，防止落水或陷入泥沼。

在这个实验中，对风扇的要求不像制作气垫船那样严格，因功率太小或重量太大无法用在气垫船上的风扇都可以用。由于风扇艇是漂浮在水面上的，因此对电池组的重量也没有严格的要求。

将泡沫塑料板切成约 20 厘米×30 厘米大小。由于泡沫塑料板太轻，如果我们把风扇像真的风扇艇一样安装在船尾，则很容易造成翻船。为此，我们把风扇安置在离开船尾约 10 厘米的地方。在泡沫塑料板上钻两组小孔，将几根橡皮筋连接起来，穿过小孔，靠橡皮筋的弹力将风扇固定在泡沫塑料板上，如图 6-7 所示。将金属窗纱按稍大于风扇的尺寸剪成两个防护网，将其边缘向内折叠，以避免窗纱的金属丝刺伤手指，用螺丝将防护网固定在风扇的正反两面。图中使用了一个功率比较小的风扇，因此使用的电池组同气垫船一样，也是两节 9 伏特电池。将电池安好卡扣，为防电池被水打湿，可以将其放入小塑料袋内封好。在泡沫塑料板上打孔，用橡皮筋将电池组固定住。将电池串联，电池组的负极与正极分别与风扇的黑色与红色导线连接，这时风扇就会转动起来。把玩具风扇艇放入水中，它就会向前开动了。

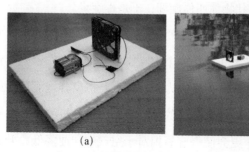

(a)　　　　(b)

图 6-7　玩具风扇艇构造（a）及试航情景（b）

2. 大功率风扇艇制作

如果我们使用的风扇功率比较大（在 12 伏特时额定功率大于 5 瓦特），则不宜再用 18 伏特电池组来驱动。在这种情况下，如果再用 18 伏特电池组驱动，风扇超负荷的绝对数值会比较大，有可能造成发热或损坏风扇内的半导体器件。这时应该使用 12 伏特的电池组，如用电池盒将 8 节 1.5 伏特的电池串联起来。

由于普通电池重量较大，作船体的泡沫塑料板也应大些，如 30 厘米 × 40 厘米，以保证有足够浮力。

五、直升机

虽然直升机还没有成为日常交通工具，但并不罕见。直升机在城市交通监控、医疗救援乃至旅游观光等方面都有广泛的应用。

1. 直升机的有关知识

对于直升机，有两件事需要记住：①"直升机"不能称为"直升飞机"；②直升机上部旋转的板条状物体叫作旋翼，不是螺旋桨。

对于所有直升机而言，必须解决的一个难题是旋翼产生的反向力矩。旋翼在空气中旋转时与空气之间存在一个相互作用力，这个作用力对直升机的机身产生一个与旋翼旋转方向相反的力矩。当直升机离开地面后，如果没有措施抵消这个力矩，就会导致直升机的机身旋转。直升机的机身旋转不仅会使其中的乘客头晕目眩，更会使得旋翼相对于空气的转速降低，升力下降造成直升机坠毁。历史上，就确实发生过直升机由于机身突然反向旋转而坠毁的事故。

2. 双旋翼直升机

许多单旋翼直升机是靠机身后端的尾桨产生一个力矩来抵消主旋翼产生的反向力矩，双旋翼直升机则是利用两个同轴反向旋转的旋翼来互相抵消它们与空气作用而产生的反向力矩。如图 6-8 所示的玩具直升机就是双旋翼的机型。双旋翼直升机悬停时，通过调节两个旋翼的转速，使它们产生的反向力矩完全抵消。需要转向时，可以通过减慢一个旋翼的转速来改变机身的朝向。

近些年，角速度传感器芯片已经非常普及，这类玩具直升机中多装备了自动调节旋翼转速的控制电路，从而使直升机具有非常优异的悬停性能。

图 6-8　玩具直升机

除了这种同轴结构的双旋翼直升机，近些年出现的很多小型无人机多设计成四旋翼的直升机。这种结构，除了可以良好地抵消旋翼产生的力矩，还可以使无人机更容易稳定，更容易控制姿势及沿水平方向飞行。

六、飞机在高空飞行时机舱里的气压

空气是有重量的，我们生活在地面或者说大气层的底部，承受着大气产生的压强。显然，大气压强与高度有关，海拔越高，上空的大气厚度就越薄，大气压强就越低。

1. 智能手机中的压强传感器

有一些手机里装备了大气压强传感器，在手机上下载一些合适的软件就可以显示传感器测到的压强。很多软件往往可以选择不同的显示模式，或直接显示压强，或显示换算出来的近似海拔，如图6-9所示。

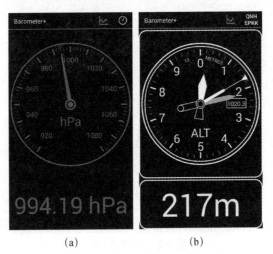

(a)   (b)

图 6-9　压强传感器的两种显示

对于压强，有很多软件会用单位"百帕斯卡"（hPa）来显示。这是由于历史上很多气象工作者习惯使用压强的单位"毫巴"（mb），1 毫巴等于 100 帕。

2. 飞机机舱里的气压

一个典型的飞机起飞过程如图 6-10 所示。图中横坐标是时间，纵坐标是高度，单位为米。从图中我们看出，飞机从海拔 150 米左右的机场，经过 20 分钟左右，逐步爬升到 2500 米，然后开始平飞。爬升的过程经过了几次短时间的高度保持，这个过程对于飞机安全地飞离一个繁忙的机场是十分必要的。

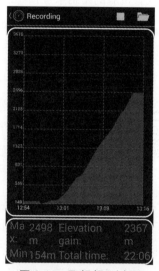

图 6-10　飞机起飞过程

很多读者对于图中的数字会产生怀疑，2500 米的巡航高度，对于现在大多数民用航空飞机来说显然太低了。的确，我们用手机的气压计显示的是根据机舱里的气压换算出的高度，而飞机的机舱是有加压装置的，因此，飞机的实际高度与气压计显示的高度是不同的。从图中可以看出，在 12：57 左右，高度看上去有一个迅速的下降。这实际上是飞机起飞前加压系统启动造成的。这架飞机实际的巡航高度大约是 11 700 米，在这个高度，空气压强大约为 200 百帕斯卡，相当于地面大气压强的 1/5。我们的肺活量有限，每次吸入空气的体积是基本固定的，当空气压强变成地面的 1/5，吸入的空气量也只有原来的 1/5，人们在这样的环境中会因为缺氧而很快失去意识。而飞机机舱的加压系统，可以将机舱里的空气压强增加。以这架飞机为例，当舱外压强为 200 百帕斯卡时，舱内的空气压强可以增加到 740 百帕斯卡左右。这就相当于海拔 2500 米的空气压强，空气虽然比海平面稀薄，但对于大多数乘客而言尚可以耐受。

我们在乘坐飞机时，通常起飞前都有安全提示，告诉我们出现紧急情况时，会有氧气面罩从座位上方垂下。可以想象当飞机在 10 000 米高空飞行时，一旦机舱加压系统出现故障，或者机舱的密封系统损坏，舱内的空气压强会迅速下降。出现这种紧急情况后，机长会采取相应措施，比如将飞机的飞行高度下降，以避免乘客长时间处于低气压状态。但飞机高度下降需要一段时间，为了保护乘客和机组人员的安全，在机舱空气压强恢复安全值之前，每个乘客和机组人员都应戴上氧气面罩。这个安全提示特别强调要先戴好自己的面罩，再去帮助他人。这也不难理解，只有确保自己呼吸正常、意识清醒，才能有效地帮助他人。

当然，飞机与宇宙飞船不同，其加压系统并不能维持舱内压强恒定，而是随舱外压强改变的。这样，我们观测记录机舱里的空气压强，就可以探测到飞机高度的相对变化，尽管数值并不是舱外压强的真实值。

笔者经历的一次大约 9 小时的飞行航程中，机舱内空气压强的变化如图 6-11（a）所示，横坐标是时间，纵坐标是空气压强。可以看到，飞机起飞后，经历了一些高度调整，在余下的航程中，在四个不同的高度飞行了长短不同的几个航段。最后降落机场的海拔，比飞机场的海拔要高一些（注意气压与高度的关系，气压高对应于高度低，反之亦然）。

笔者另外一次旅行的经历如图 6-11（b）所示。从图中可以看出，大约 10：00，笔者从居住地到达地势较低的机场，可以看到空气压强有一个小小的增加。经过大约 2 个小时的等待，乘飞机飞行 1 个小时左右。随后在中转机场等候转机约 4 个小时，我们可以看出，中转机场海拔比飞机场要低。从 18：00 多到 24：00 左右，笔者又经历了一次 6 个小时的飞行，这个航程中有两个不同高度的飞行航段，最后降落在一个与起飞机场海拔差不多的目的地机场。

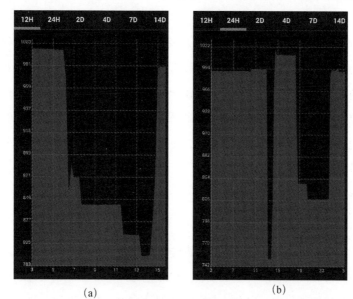

（a）　　　　　　　　　　　（b）

图 6-11　一次大约 9 小时的飞行航程（a）及一次有转机的旅行中经历的气压变化（b）

如果你没有装备了气压计的手机，也可以用简单的日用物品来观察空气压强的变化。例如，可以用一个塑料水瓶，如图 6-12 所示。当飞机在高空飞行时，将一个空的塑料水瓶的瓶盖拧紧。随着飞机降落，周围空气压强增加，可以看到水瓶被逐渐压扁。这种现象在登山时从山顶下到山底时也可以观察到。

图 6-12　飞机降落、压强增加引起的水瓶形变

七、汽车的电路系统

汽车的主要动力来源是内燃机，大多数汽车是汽油机，也有一部分是柴油机。无论哪种内燃机，在停机状态下都不会自己启动，而必须有一个外部的动力先让内燃机转动几圈，让其完成几次全部冲程，内燃机才会发动起来。过去有些拖拉机甚至汽车的内燃机启动是靠人力转动一个摇把来实现的，现在仍有一些小型机械是靠人力启动的。不过，现在世界上主流厂商生产的汽车或工程机械都是靠电动机来启动的。

1. 汽车电路系统概述

汽车中装有蓄电池（电瓶），启动时，司机扭转钥匙启动汽车时，启动电动机与电瓶形成回路，使发动机旋转。电瓶也为汽车的车灯、收音机乃至发动机控制微处理器等供电。汽车的电瓶需要保持充电，否则里面存储的电能很快就会用完。汽车发动机上连接了一个专门的发电机，发动机旋转起来之后，就会向电瓶充电。

2. 汽车的启动

在夜间启动汽车时，能看到汽车的车灯变暗。这是由于启动电动机需要汽车的电瓶提供很大的电流，它在电瓶的内阻上产生一个比较大的电压降，使得电瓶的输出电压变低。

这里必须提醒：汽车启动过程中及启动后，如果操作出现错误，会造成严重的人身伤害与财产损失事故。

☞ **安全提示**：观察这个现象时，一定要请有驾驶执照的成年人来启动汽车，未成年人绝对不可以自己启动汽车。

汽车启动后，可以看到在发动机慢速转动与加油门快速转动时，汽车灯的亮度也有所不同。这是由于发动机带动的发电机所产生的电功率在不同转速时有所不同。汽车转速较快时，发电机向蓄电池充电的电功率相对比较大，这时整个汽车电路系统的电压也比较高。

八、回反射现象

在公路交通中，回反射装置可以说是最重要的安全设施。回反射装置将汽车车灯射出的光沿着与入射方向相反的方向反射回去，使司机可以看到比一般白色物体明亮得多的反射光，以此保障夜间安全行车。

1. 平面镜构成的回反射体

回反射体可以将光线沿着入射的方向反射回去，图 6-13 所显示的是若干种回反射体在黑暗环境中用闪光灯拍摄的效果。

图 6-13　几种回反射体

回反射体有若干类型，比较简单的是由三个互相垂直的平面镜构成的，如图 6-14 所示。入射光线射到任何一个平面镜后，都会被反射。而光线经过三个镜子依次反射后，反射光的方向与入射光的方向正好相反。关于这个性质，读者可以用手电筒或激光笔验证。

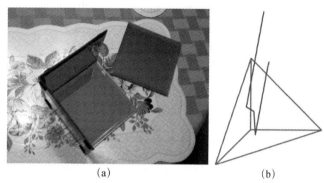

（a）　　　　　　　　　　（b）

图6-14　三个平面镜构成的回反射体

用矢量的概念很容易理解这种回反射体的原理。设想光线是一个矢量 v，由 x、y、z 三个分量组成

$$v = x\boldsymbol{i} + y\boldsymbol{j} + z\boldsymbol{k} \qquad (6\text{-}1)$$

其中，$\boldsymbol{i}$、$\boldsymbol{j}$、$\boldsymbol{k}$ 分别是 x、y、z 三个方向上的单位矢量。由于三个平面镜是互相垂直的，因此，我们可以将三个平面镜的法线方向分别定义为三个坐标轴。这样，当光线照射到其中一个镜子时，其反射光与入射光的差别仅仅是将对应的矢量分量的正负符号改变。比如，光线照到处于 yz 平面的镜子后，光线矢量的 y 与 z 分量维持不变，仅仅是 x 分量由 x 变成了 $-x$。这样经过三个镜子依次反射，三个分量的符号都被改变，我们可以得到反射光线的矢量 $\boldsymbol{r}$：

$$\boldsymbol{r} = (-x)\boldsymbol{i} + (-y)\boldsymbol{j} + (-z)\boldsymbol{k} = -v \qquad (6\text{-}2)$$

由此可见，反射光线与入射光线平行但方向相反。

在实际应用中，回反射体经常是用透明塑料制成的，这种塑料片一面是平的，另一面压出很多三个互相垂直平面构成的尖角。光线从塑料片平的一面入射，在背面的尖角的三个平面上发生三次反射，从而反射回光源的方向。从在一辆自行车上使用的回反射体背面观察到的情景如图 6-15（a）所示。塑料片背面通常不需要镀银或镀铝，因为光线从塑料内部照射到塑料与空气的分界面时，通常会因为入射角比较大而发生全反射。这种在介质界面发生的全反射，比普通镀银或镀铝镜面的反射效率还要高。

(a)　　　　　　　　　　(b)

图 6-15　回反射体背面的尖角形状（a）及城市道路上的回反射体（b）

一个实际在城市道路上使用的回反射体如图 6-15（b）所示。这个回反射体是钉在道路上用来显示车道分界的。普通画在路面上的白线在夜间下雨的情况下很难看清楚，这种钉在路面上的回反射体比白线更容易看清楚。另外，这个回反射体一面是无色的，另一面是红色的，于是，沿正常方向行驶的司机看到地面上的标志是白色的，而沿相反反向误入的司机会看到一串红色的标志。这样可以提醒逆行的车辆及时纠正错误，避免交通事故的发生。

2. 玻璃球回反射体

另一种重要的回反射体是折射率比较大（最好是接近于 2）的玻璃球，如图 6-16 所示。当光线照射到一个透明球体时，透入球体的光线会经过一次折射，在球体背面的内壁经过一次反射（注意这个反射通常不是全反射），然后又经过一次折射，出射到球体以外。显然，入射光线与出射光线之间的夹角与球体材料的折射率有关，当折射率比较大时，照射到球体的大部分光线会沿着与入射方向相反的方向反射回去。一些反光涂料就是利用这样的玻璃球制成的。这种回反射体产生回反射的条件是玻璃球与周围介质的相对折射率比较大。一旦周围的介质不是空气，而是其他物质，如水，则二者之间的相对折射率就会显著变小。在这种情况下，大部分光线就不再沿原来入射的方向反射，而是反射到其他方向去了。这种现象不难见到，夜间下雨的情况下，很多司机朋友都会发现地面的标线看不清楚了，原因就是水覆盖了地面的标线，使之不再产生回反射。

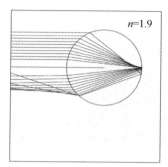

图 6-16　玻璃球的回反射性质

3. 夜行性动物眼睛的回反射

还有一种很有趣的自然存在的回反射体是某些夜行性动物（或有夜行性祖先的动物）的眼睛，例如，在比较暗的环境中用闪光灯拍摄猫、狗、乌龟等，有时会拍到如图 6-17 所示的回反射现象。夜行性动物经过多年的进化，眼底视网膜的最内层有一些具有反光能力的蛋白质。外界光线照射入眼睛后，眼睛的透镜系统将光聚焦在视网膜上。视网膜的细胞并不能将所有的光吸收用于产生视觉信号，一部分光会透到视网膜最内层，而最内层的反光蛋白会将光线反射回去，如图 6-18 所示。这些反射回来的光又有一次刺激视网膜细胞的机会，这样，夜行性动物就可以在较暗的光照环境下获得比较好的光敏感度。

　　　(a)　　　　　　　　(b)　　　　　　　(c)

图 6-17　动物眼睛的回反射现象（书末附彩图）

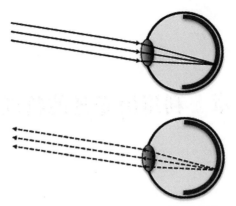

图 6-18　夜行性动物眼镜回反射的光路

反射的光经过眼睛的透镜系统折射，朝光线入射的相反方向反射回去，我们就能看到回反射的现象了。在很多文学作品中，我们可以读到夜间在野外遇到野兽的情形：在汽车灯或火把等光源的照射下，野兽的眼睛像两个小灯笼一样，描写的就是这种回反射现象。

值得指出的是，夜行性动物眼睛的回反射的主要功能或进化优势，是改进暗光条件下的光敏感度，回反射只是一个"副产品"。在野外没有明亮光源的情况下，它们并不会有恐怖的发光双眼，更不会靠这双眼睛吓跑敌害。

扫一扫，观看相关实验视频。

第七章 利用旧光盘的物理实验

很多读者也许会像笔者一样，家中留存了许多废旧光盘。有一句话这样说，"没有真正意义上的垃圾，只有放错位置的资源"。利用这些废旧光盘，可以做不少有趣的物理实验。

一、光栅的衍射干涉性能

为了存储数据，通常光盘上都烧刻了很多同心圆，这些同心圆组成了性能相当好的反射光栅。我们首先通过一个简单的实验来了解这种光栅的衍射干涉性能。

1. 实验装置与实验步骤

现在激光笔已经非常普及，用激光笔产生的强光可以非常容易地观察到光通过光栅时所产生的衍射干涉现象。

☞ 安全提示：实验中，任何时候都要避免激光射入眼睛，包括通过镜面反射到眼睛中。

如图 7-1 所示，将一个光盘竖直安放起来，使之与墙面正对。将激光笔产生的激光束以接近垂直的角度照射到光盘上，就可以看到多个衍射干涉光斑。为了让激光笔持续发光，我们在笔上用橡皮筋绑了一个硬物体，以此持续按压激光笔的按钮。这些光斑是光通过光栅干涉产生的极大。其中直接原路返回，照射到激光笔后面墙上的光斑是第 0 级干涉极大。照射到两边的光斑，由内向外分别是+−1 级和+−2 级极大。

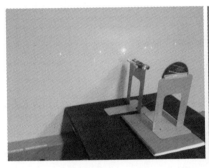

(a) (b)

图 7-1　光盘作为反射光栅的实验（书末附彩图）

做这个实验时，将红绿两支不同颜色的激光笔平行绑在一起。由于两种不同颜色光的波长不同，可以看到这些极大的位置也是不同的。红光的波长大于绿光的波长，因而红光的干涉极大都比绿光靠外。

2. 实验结果分析

通常情况下，光栅刻线之间的间距对比光束传播的距离比较小，我们可以将光栅的干涉看成是刻线所生成的电磁波在无穷远处叠加的结果，如图 7-2 所示。

如果光的波长为 λ，光栅刻线的间距为 d，则当入射角为 ϕ 时，第 n 级干涉极大的出射角 θ 满足下列关系：

$$n\lambda = d\sin\theta + d\sin\phi \qquad (7\text{-}1)$$

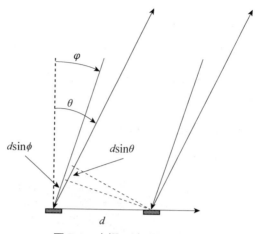

图 7-2　光栅干涉原理示意图

在入射光束垂直于光栅平面时，第二项为 0。通常红光波长为 650 纳米左右，而绿光波长为 532 纳米左右。常见的光盘有两种刻线间距。比较早期的音乐或数据光盘（CD）刻线间距为 1.6 微米，而数字影碟（DVD）的刻线间距为 0.74 微米。由此可见，当我们用 CD 作为光栅时，对于红光，最多只能看到 ±2 级的干涉极大。而对于绿光，±3 级的干涉极大处于相当大的出射角（±86 度左右）。如果使用 DVD 作为光栅，则不论红光还是绿光，我们都只能看到 ±1 级。

二、光盘的轴对称干涉性质

光盘的刻线是同心圆，而不是像普通光栅那样是平行的直线，因而要想获得最佳的干涉图像，各种几何性质都应该是轴对称的。也就是说，观察者（眼睛或照相机镜头）和光源都应该处于光盘的轴线上。

1. 实验装置与实验步骤

为了观察光盘在轴对称情况下的干涉性质，我们做了一个如图 7-3 所示的实验。将光盘竖直安置，手机的照相机镜头对准光盘的对称轴，并将手机上作为照相闪光灯的发光二极管开亮。

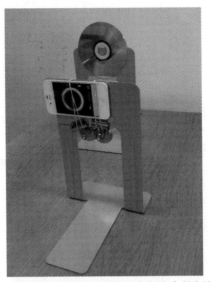

图7-3 光盘在轴对称情况下的干涉实验（书末附彩图）

我们的实验需要在打开照相机的时候让发光二极管持续点亮。很多手机的原装功能中，通常无法实现这一点，为此，可以在手机上下载安装一个照明放大镜的APP，注意挑选具有拍照功能的，以便记录实验结果。当照明放大镜的APP启动后，可以看到光盘上的彩色反光。精心调整手机与光盘的相对位置，可以使光盘上的彩色反光变成一组同心圆，这是由于干涉效应而展开的发光二极管的光谱。

2. 初步原理

参考图7-4，我们可以计算光环半径 r 及手机到光盘的距离 D。

对于波长为 λ 的色光，光栅刻线的间距为 d，由于入射与出射角度基本相同，则第 n 级干涉极大的入射出射角 θ 满足下列关系：

$$n\lambda = 2d \sin \psi \qquad\qquad （7\text{-}2）$$

同时

$$\tan \psi = \frac{r}{D} \qquad\qquad （7\text{-}3）$$

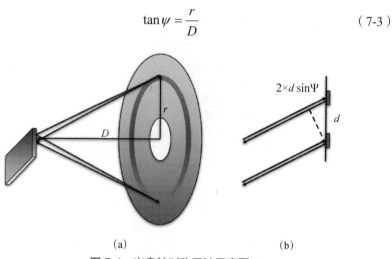

（a）   （b）

图 7-4   光盘轴对称干涉示意图

对于波长为 650 纳米左右的红光，在刻线间距为 1600 纳米的光盘上，其第 1 级与第 2 级极大的入射出射角分别为 11.7 度与 24.0 度。这样，当手机到光盘的距离为 12.3 厘米左右时，这两个极大的半径分别为 2.6 厘米和 5.5 厘米，因而可以同时在光盘上看到。笔者拍摄到的实验结果如图 7-5 所示。从图中我们看到两组光谱中半径较小的是第 1 级，较大的是第 2 级。

3. 其他实验方法

这个实验还可以用一个更简单的方法来做。在桌面或地面放置一个光盘，在旁边放一叠书用来保持手机的稳定。通过增减书的厚度，可以调整手机与光盘之间的距离。手机开到拍摄录像的模式，在这个模式下，很多品牌的手机都可以将闪光灯持续开亮。闪光灯开亮后，将手机平放在书上，摄像头伸出来，仔细调整手机与光盘的相对位置，就可以看到彩色的干涉环充满整个画面。手

图 7-5　光盘上的干涉图形（书末附彩图）

机上使用的发光二极管看上去是白色的，但其光谱不是连续的。图中显示的发光二极管发出一个波长范围很窄的蓝光，同时伴有波长范围比较宽的红光与绿光。这种光虽然没有明显的偏色感，但其光谱结构与太阳光的有很大不同。这种光谱结构上的不同对于人眼健康是否存在长期影响尚不明确。很多手机或平板电脑显示屏都是用这样的发光二极管作为背景光，因此我们应该避免过量地看手机和玩游戏。

三、环状光谱仪

利用光盘，可以进一步制成性能良好的光谱分析仪器。

1. 实验装置制作与实验方法

笔者制作的一个环状光谱仪如图 7-6 所示。在这个装置中，我们用一个木头块将手机照相机的镜头安置在光盘的光轴上，镜头到光盘中心的距离约 10 厘米。与前一个实验不同的是，手机的拍摄方向稍微偏斜一个角度（约 22 度），正对光盘一边刻线区域的中间。这样设计的目的，是便于通过改变照相机放大倍数，更清楚地显示光谱的结构。

图 7-6 环状光谱仪

光谱仪的光源应是距离比较远的点光源，可以是尺寸比较小的灯泡、发光二极管、节能灯等，也可以是将太阳光用凸透镜聚焦到一点，然后使之继续传播而形成的点光源。整个光谱仪固定在一个照相三脚架的顶部。通过细致地调整，使得光盘的轴线对准点光源。这时，我们可以从手机的显示屏上看到由于干涉效应产生的彩色光环。

拍摄光谱时，可以先碰触一下手机显示屏上的画面，使得照相机重新对光与对焦，这样有利于拍摄出比较清晰的谱线。

2. 气体放电光源的光谱

笔者拍摄了城市道路照明用钠灯所产生的光谱，如图 7-7 所示。钠灯内有一根玻璃管，里面是压强比较低的钠蒸汽、汞蒸汽和氩、氖等气体。玻璃管两端加了电压后，电流通过气体放电。在放电过程中，气体原子的外层电子获得的能量达到较高能级，然后向较低能级跃迁，从而放出光子。光子的频率或颜色是由能级之间的能量差决定的。由于气体原子外层电子的能级是分立的，因此气体放电产生的光是由若干个单色光构成的，从光谱上看，是一些不同颜色的细线。

图 7-7　钠灯产生的光谱（书末附彩图）

钠灯的光谱中，589 纳米附近的谱线的相对强度比较大，因此钠灯发出的光呈橘黄色。钠灯的颜色虽然不是很好看，但是发光效率比较高，因此现在仍然广泛地应用于道路照明。

单纯通过气体放电产生的光往往造成比较大的偏色感，用来照明显得人脸颜色很难看。为了获得比较好的颜色观感，用于室内照明的日光灯或节能灯的玻璃管内壁还涂了荧光粉。荧光粉可以将气体放电中产生的紫外线转变成由红到绿比较宽谱的可见光，这样可以提高灯的发光效率，同时可以改善物线的颜色观感。这样两种成分的光合在一起，就比较接近白色。

3. 白炽灯与太阳光的光谱

作为比较，我们拍摄了传统白炽灯与太阳光的光谱，如图 7-8 所示。拍摄这张照片时，我们将手机拍摄的画面放大了 6 倍左右。白炽灯靠把灯丝加热到较高温度而发光，高温物体产生的电磁辐射谱是连续的。可以看出白炽灯的光谱中没有显著的亮线，这与气体放电光源非常不同；并且可以看到白炽灯的光谱中偏红的区域相对较强，而蓝色到紫色区域相对比较弱，这是由于灯丝的温度有限所致。由于材料熔点的限制（钨的熔点 3695 开），灯丝不能烧得太热（家用普通灯泡的工作温度约 2400 开），远远不能达到像太阳表面那样 5700 开左右的高温，因而普通白炽灯的光线多偏红。我们进一步与太阳的光谱比较，太阳由于表面温度高，因而在整个从红到紫的可见光区域都很强。与白炽灯相比，太阳光谱在蓝色到紫色部分更加丰满。太阳光谱中一个显著的特征是存在许多暗线。历史上由于夫琅禾费对这些暗线做了细致的分析，故而物理学中称这些暗线为夫琅禾费谱线。这些暗线是太阳表面存在的一些气体的吸收谱线。

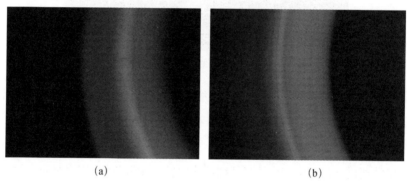

(a)　　　　　　　　　　　　　(b)

图 7-8　白炽灯的光谱（a）与太阳的光谱（b）（书末附彩图）

四、裸眼立体成像

普通的立体照片和立体电影等技术都需要让两眼分别看到两个不同的图像，因此往往需要类似偏振眼镜这样的图像分离装置。这种需要眼镜的立体显示技术在应用上存在很多限制，很多情况下，人们更需要一种用裸眼观看的真正的三维（3D）成像技术。

1. 裸眼三维成像系统简介

这种裸眼 3D 系统在成像时产生一个光束构成的光场。一个 3D 图像是由空间中的光点组成的，对于每一个光点，成像系统生成许多不同角度的光束，这些光束都汇集到这一个光点上。这样，无论观察者从什么方向观察，光都好像是从这个点上发出的，如图 7-9 所示。

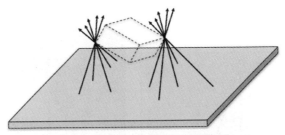

图 7-9　裸眼三维成像系统示意图

全息图就是这样一种裸眼三维成像系统，如在很多信用卡上附带的防伪标志，如图 7-10 所示。这三个图是在大约正负 30 度和正对情况下拍摄的，可以看出在不同的角度，物体的形状也随之逐渐变化，而不是只有两个形状，尤其是右边的翅膀最为显著。事实上，我们可以用两眼（最好通过两个小放大镜）观看图 7-10（a）、（b）或（b）、（c）这两对图，它们都能使我们获得立体感。当我们在适当的光照下用两眼直接观看这个全息图时，更可以感觉到物体是突出到图片平面之外的。

(a)　　　　　　　　　(b)　　　　　　　　　(c)

图 7-10　信用卡上的全息图（书末附彩图）

全息图早年间是用光学方法制作的，也就是用激光干涉产生干涉条纹，然后记录在照相底片上。近年来，很多全息图是使用计算机生成的。

2. 光盘裸眼三维成像实验

我们利用光盘刻线产生的干涉效应做一个简单的裸眼三维成像实验，实验装置如图 7-11 所示。

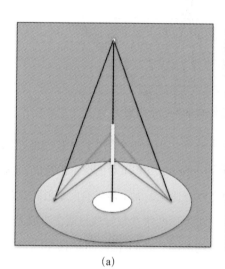 

（a）   （b）

图 7-11 裸眼三维成像实验示意图（a）及裸眼三维成像实验装置（b）

如果将一个点光源放置在光盘的轴线上某一位置，光线经过光盘表面的衍射与干涉，最终汇聚到光盘的轴线上。如果我们在合适的角度观察，这些光看上去像是从轴线上的一个彩色线段发出的。这样的彩色线段具备裸眼三维成像的特征，不需要眼镜，无论从哪个角度看，都呈现出一定的立体感。

这个实验的实际装置是将一个光盘平放在地上，在其上方 40 厘米左右用一个小阅读灯作为光源。通过仔细调整，确保灯在光盘的轴线上。为了获得比较理想的立体观察效果，可以在光盘中心附近放一些参照物。我们将照相机固定在三脚架上，以便从不同角度拍摄。笔者拍摄到的现象如图 7-12 所示。

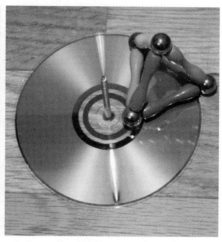

（a）　　　　　　　　　　　　　　　（b）

图 7-12　裸眼三维成像的实验结果（书末附彩图）

可以看到，画面上光盘上半部刻线在适当角度呈现一条细线状的彩色亮光线段。这个线段不论从哪个角度看，都处在光盘中心放置的参照物螺钉的延长线上，因而看上去像是连接在螺钉上方一样。在光盘下半部刻线区域也呈现一条细线状的彩色亮光线段，这条线段看上去似乎是处在光盘平面以下的轴线上。上下两个彩色线段分别是干涉现象中的第 2 级极大与第 1 级极大。其中，第 2 级极大实际汇聚在光盘上方的轴线上，而第 1 级极大是发散的，它们看上去是从光盘平面以下的轴线发出的，但事实上光线并没有在空间汇聚。我们可以粗略地将前者称为实像，将后者称为虚像。无论是实像还是虚像，都可以使人获得裸眼的立体感。

笔者将这两张照片调整成和人眼的间距接近，你可以用两眼（最好通过两个小放大镜）观看，即可获得立体感。由于光盘的刻线是等间距的，因而我们只能让光汇聚到一条线上，而不是一个点上。因此，我们看到的还不是完全的裸眼三维成像。不过通过这个实验，我们应该能够想象如何用计算机刻制出真正的裸眼三维全息图来。

五、凸透镜的三维成像能力

照相机或电影放映机是二维成像设备。实际上，凸透镜在一定的范围内具备三维成像的能力。仅仅是由于照相胶片或感光元件的限制，照相机只能记录二维的图像。凸透镜所生成的倒立三维实像，可以使人获得裸眼的立体感。

1. 实验装置

我们通过一个实验，了解凸透镜的三维成像功能。这个实验的示意图和实际的实验装置如图 7-13 所示。在这个实验中，我们将一个物体放在一个凸透镜组的二倍焦距附近，物体发出的光线通过透镜组在另一边的二倍焦距附近生成一个倒立实像。在物距与像距都接近二倍焦距时，透镜组的放大率接近于1，物体与实像的大小基本相同。

在透镜组的中间放一个平面镜，光线反射回来，通过透镜，将倒立实像成在与物体非常接近的地方。注意：由于平面镜的作用，我们只需要一个透镜就可以达到将两个凸透镜叠合在一起的效果，最后透镜组的焦距近似于单个透镜的一半。

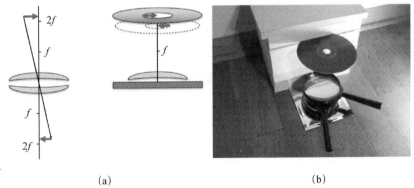

(a)   (b)

图 7-13　凸透镜成像示意图（a）与凸透镜三维成像实验装置（b）

在这个实验装置中，笔者用了两个阅读用的放大镜，这样总共相当于四个凸透镜叠合在一起构成一个透镜组。等效焦距大约为单个透镜的1/4。

用普通家用的放大镜搭出来的光学系统，仅在靠近光轴和靠近两倍焦距的小范围内可以良好地成像，如果偏离这个小范围太多，则成像会有比较大的形变，因而在装置中，我们使用了一个废旧光盘固定被拍摄物体。同时，光盘的圆孔起到了限制观测角度及限制垂直方向观测范围的作用。

2. 实验结果

在这个实验中，笔者拍摄到的现象如图 7-14 所示。

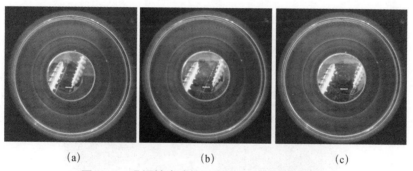

(a)　　　　　　　(b)　　　　　　　(c)

图 7-14　凸透镜生成的三维图像（书末附彩图）

在图中，左边的螺丝钉是实物，右边的是成像。光盘放置在略远于两倍焦距的位置，因而成像略近于两倍焦距，并且像比实物更小一些。

图 7-14（a）～（c）是在偏左、偏右和正对三种情况下拍摄的，可以看出，在不同的角度，实物及其成像之间的相对位置是不同的。事实上，我们可以用两眼（最好通过两个小放大镜）观看图 7-14（a）、（b）或（b）、（c）两对图，它们都能使我们获得立体感，看出两个螺钉在深度方向上的差别。实际上，我们平常见到的很多光学系统都可以生成三维的实像或虚像，比如在最常见的平面镜中，我们就可以用它照出一个物体的三维虚像。

这些实像或虚像都具备裸眼三维成像的特征，不过，这种成像系统需要一个立体实物才能成立体的像。尽管这种系统的实际用途有限，但它们可以帮助我们了解裸眼三维成像的一些要素及限制，为设计实用系统提供借鉴。

六、光盘滚轮

光盘由于需要在驱动器中高速旋转，因而其加工精度、一致性、平整度、材料强度都相当好。以光盘为材料可以制成多种力学实验器材，最简单的是滚轮。

1. 实验装置制作

笔者制作的两个光盘滚轮如图 7-15 所示。

图 7-15　光盘滚轮

要制作一个滚轮，除了光盘，还需要一根螺栓、四个螺母和四个大垫圈。为了减少垫圈带来的影响，建议使用塑料或其他轻质材料的垫圈，笔者用的垫圈是用薄的印刷电路板自己冲压出来的。将螺栓、螺母、垫圈和光盘按图装配在一起，注意将所有配件的中心对正，上紧螺母，一个滚轮就制成了。滚轮制成后，要放在光滑平整的水平面上，检查一下滚轮是否有偏心现象。这种滚轮可以在每一端装一个光盘，也可以装多个光盘。

2. 一个实验问题及其实验验证

我们现在讨论一个实验问题，这个问题可能出现在任意一次考试之中。这类实验问题纯粹从理论上分析要花费不少时间，但如果我们实际做过这个实验，这个问题就成为一道"送分题"。

考虑一个光滑的斜面，让甲乙两个滚轮从斜面顶部同时滚下，组装两个滚轮用的螺栓、螺母、垫圈等配件完全相同，配件的总质量大约相当于 4 个光盘的质量之和。在甲滚轮每端各装一个光盘，在乙滚轮每端各装 15 个光盘，试判断哪个滚轮先滚到底部还是同时滚到底部。

这个题目很容易让人迷惑，似乎哪个答案都有道理。我们在做理论分析之前，先看看实验现象，以获得一些感性认识。

实验视频文件的截图如图 7-16 所示，不难看出，甲滚轮先到达底部。

(a) (b)

图 7-16　滚轮滚下斜面的实验

3. 实验结果分析

现在我们对这个实验进行简单的分析。一个滚轮在斜面上滚动时的受力情况如图 7-17 所示。

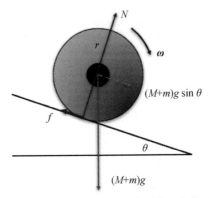

图 7-17　滚轮在斜面上滚动时的受力状况

　　滚轮受到重力（$M+m$）g，其中 M 与 m 分别为滚轮及螺栓等配件的质量。此外，滚轮还受到斜面的支撑力 N 及摩擦力 f。滚轮的运动包含质心的位移和整个滚轮作为一个刚体的转动，满足下列运动方程：

$$N = (M + m) g \cos\theta \qquad (7\text{-}4)$$

$$(M + m) a = -f + (M + m) g \sin\theta \qquad (7\text{-}5)$$

$$I \frac{\mathrm{d}\boldsymbol{\omega}}{\mathrm{d}t} = rf \qquad (7\text{-}6)$$

对比物体从斜面上滑下的运动，滚动运动多了一个方程（7-6）。其中，滚轮的半径为 r，其中心运动的加速度为 a，滚轮转动的角速度为 $\boldsymbol{\omega}$。角加速度与滚轮中心的加速度存在如下关系：

$$r \frac{\mathrm{d}\boldsymbol{\omega}}{\mathrm{d}t} = a \qquad (7\text{-}7)$$

而滚轮围绕其对称轴旋转时的转动惯量为

$$I = cMr^2 \qquad (7\text{-}8)$$

滚轮的转动惯量大小受其质量分布影响，上式中，c 是一个数值从 0 到 1 反映物体质量分布的常数。对于均匀的圆柱体，这个数值为 1/2。这里，由于中心螺栓的半径很小，因而它对于转动惯量的贡献可以忽略不计。

　　因此，滚轮在滚下斜面的过程中，其中心的线加速度为

$$a = \frac{M + m}{M + m + cM} g \sin \theta \qquad (7\text{-}9)$$

如果光盘的质量可以忽略，即 $M=0$，则线加速度达到最大：$a=g\sin\theta$。这个加速度与一个物体沿着斜面滑下的加速度相同。在这种情况下，由于滚轮的质量基本上分布在中心，其转动惯量为 0，因而，物体由于高度下降所减少的势能完全转化成了物体的平动动能。

当我们增加光盘的质量 M，从式（7-9）可以看出，滚轮滚下的加速度是逐渐变小的。这是由于越来越多的质量分布在中心之外，因而物体高度下降所减少的势能中转化成转动动能的比例越来越大；相反，转化成物体平动动能的比例越来越小。因此，30 个光盘的滚轮比 2 个光盘的滚轮滚下斜面时的速度要慢。

要想让30个光盘的滚轮与 2 个光盘的滚轮滚下斜面的加速度相同，需要让两个滚轮各个部位的质量具有相同的比例。比如，让大滚轮上使用的螺栓长度为小滚轮上螺栓长度的 15 倍（如长、短螺栓分别为 15 厘米与 1 厘米），并且在大滚轮上使用 60 个螺母，就可以让两个滚轮滚下斜面的加速度相同，读者可以试一试。

如果进一步增加光盘的质量，使得螺栓等配件的质量可以忽略，即 $m/M=0$，则滚轮的线加速度为

$$a = \frac{1}{1 + c} g \sin \theta \qquad (7\text{-}10)$$

这个关系式告诉我们，如果我们做两个滚轮，都使用比较多的光盘，这时两组光盘从斜面滚下时的加速度完全相同，与它们的质量无关。当它们在斜面顶部相同位置同时从静止状态开始滚下，它们会同时到达底部。

4. 质量集中在转轴附近的圆形物体

由前面的讨论可以看出，如果圆形物体的质量越是大部分集中在转轴附近，则滚下斜面时的加速度越大。我们通过另一个实验进一步观察这个现象。

考虑如图 7-18 所示的两个滚轮。这两个滚轮，除了其中一个在转轴上吸了几块环形小磁铁外，其他都是相同的。我们这样做是为了增加式（7-9）中螺栓及配件的质量 m。如果没有环形小磁铁，也可以在螺栓上拧上很多螺母代替。这里让两个滚轮同时从斜面上部滚下。实验的截图如图 7-19 所示。可以看出，中心吸了磁铁的滚轮滚下得比较快，这与我们的预测是一致的。

图 7-18　轴上重量不同的两个滚轮

（a）　　　　　　　　　　　　　　　　（b）

图 7-19　实验结果

七、滚动摆

自然界的物体都处于运动中，有些运动是单向的，有些运动是往复运动。

往复运动中通常存在两种能量形式，如动能与势能、电能与磁能等。在往复运动中，能量在这两种形式之间不断互相转换，只要能量在转换过程中不急剧损失，往复运动就可以持续一段时间。两种能量形式之间互相转换的快慢，决定了往复运动的频率。在机械运动中，动能与势能之间转换的快慢往往可以表述为两个参量，即惯性和恢复力，而机械振动的频率也是由惯性和恢复力两个因素决定的。

1. 实验装置制作及现象观察

我们利用前面谈到的光盘滚轮制作一个滚摆，如图 7-20 所示。通过滚摆的振动，探讨惯性及恢复力对振动频率的影响。将两对小磁铁作为配重吸在滚轮的光盘片上，就制成了滚摆。在水平的光滑平面上推动滚摆，滚摆就会往复振动，有些像摇椅或不倒翁玩具的振动。小磁铁的位置可以影响恢复力和惯性，因而影响到滚摆的振动频率。比如，当两对小磁铁之间的连线偏离滚摆的中心比较远时，滚摆振动的频率就比较快。

(a)   (b)

图 7-20 滚动摆振动频率比较低（a）及比较高（b）的状态

2. 实验结果的初步分析

我们讨论配重的位置对于恢复力及惯性的影响，滚摆的受力情况如图 7-21 所示。

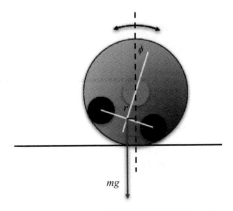

图 7-21 滚动摆的受力情况

为了简化分析，我们将滚摆与水平面的接触点作为旋转轴。这样，滚摆在某一时刻的角加速度取决于偏心配重产生的力矩及相应的转动惯量。

配重产生的力矩为

$$T = mgr\sin\phi \qquad\qquad (7\text{-}11)$$

其中，r 为两对配重之间连线的中点（重心）到光盘中心的距离，m 为配重的总质量。注意：这个力矩的方向总是趋向于使滚摆恢复到中间位置。

系统的转动惯量计算比较繁杂，但我们至少可以定性地判别，以光盘与桌面接触点为转轴时，图 7-20（a）中的系统转动惯量大于图 7-20（b）中系统的转动惯量。当两个配重处于如前者所示的状态时，r 比较小，这时恢复力相对比较小，而转动惯量比较大，由此使得滚摆的振动频率比较慢。相反，如果两对配重如后者那样安置，则系统的恢复力相对比较大，而转动惯量比较小，由此使得滚摆的振动频率比较快。

这里值得提醒一下，当滚摆大幅度摇动时，不但恢复力是非线性的，甚至连滚摆的转动惯量都不是常数。这就使得滚摆在大幅度摇动时呈现出很强的非线性振动的特征，看上去与简谐振动，如单摆的摆动，有着显著的不同。

八、滑块小车

当圆形物体从斜面上滚下时，降低的势能有一部分变成了转动动能，而当相同的物体无摩擦地滑下时，势能完全转换为平动动能。因此，滚下的物体比滑下的物体的加速度总是要小一些。

我们前面谈到过，当圆形物体的质量尽可能地集中到中心轴时，物体滚下的加速度会大一些。原因就是这部分质量处在半径很小的区域，由于转动而占有的动能比较小。

如果我们制作一辆小车，将其主要质量集中在车身，轮子是由质量可以忽略的材料制作的，则小车从斜面滚下时，加速度应该与无摩擦滑下的加速度非常接近。

1. 实验装置制作

笔者用光盘和木头块制作了一辆小车，如图 7-22 所示。在小车上绑了一部退役的智能手机，用来测量与记录小车运动过程中的加速度。这辆小车的轮轴是我们前面谈到的螺栓，螺栓上可以用一根塑料管套过，在木头块上钻一个孔，让塑料管镶嵌在木头的孔中作为轴承。你也可以尝试使用小型滚珠轴承，以尽量减少摩擦力。

图 7-22　滑块小车

大家注意到这辆小车的车轮半径比较大，这有什么好处呢？车轮较大可以减小车轮与斜面之间的摩擦力。尽管我们尽量使用比较滑的轴承，但轴与轴承之间的摩擦力不一定很小。不过，由于轴的半径比较小，因而摩擦力产生的力矩不大。而在半径比较大的车轮轮缘，只需要很小的摩擦力就可以使车轮转动，从而使小车的运动近似于无摩擦地滑下。

2. 部分失重现象

如图 7-23 所示，一名乘客坐在处于倾斜山坡的雪爬犁上，椅背上方平面放了一个包袱，平面后部有一挡板。当爬犁无摩擦自由下滑时，那么，包袱会压向乘客背部还是压向挡板或者是不压向任何一边？

图 7-23　从斜坡上滑下的雪爬犁

当物体沿着一个斜面无摩擦地下滑时，会出现部分失重现象。在部分失重的状态，物体并不是完全没有重量，而是在沿着斜面的方向上重力似乎不存在了。因而，图 7-23 中的包袱不会压向任何一边。

如果有条件，这种部分失重实验最好用气垫导轨来做。物体在气垫导轨上滑动时，摩擦阻力非常小，而且运动比较平稳。

在没有气垫导轨的情况下，我们利用前面谈到的小车，也可以通过实验直观地看到部分失重的现象。在一部智能手机上，我们下载安装一个加速度计的 APP，这个软件需要选用可以记录并制图显示的。将手机绑在小车上，小车置于斜面上，启动 APP，让小车自由滑下，然后停止 APP。我们得到的记录如图 7-24 所示。

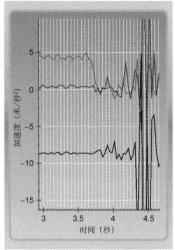

图 7-24　部分失重现象

　　这个斜面的倾斜角为 30 度左右。可以看到，在初始状态下，小车没有运动，加速度计测得的 y 分量（浅灰色曲线，沿手机的长度方向）为 5 米/秒² 左右。这个数值与理论计算的 gsin30º 相符。

　　当小车开始下滑后，可以看到 y 分量迅速变成 0，也就是说，在 y 方向上重力好像不存在了，这就是部分失重现象。小车滑到斜面底部，撞击缓冲垫，可以看到在撞击过程中，手机记录下了在短时间内很大的加速度。

　　扫一扫，观看相关实验视频。

第八章　正反馈与负反馈

反馈现象存在于世界的各个角落，影响到我们生活的方方面面。不仅在物理学中，在其他自然科学领域甚至人文科学领域，都广泛存在着各式各样的反馈现象。

我们日常生活中经常提到的恶性循环与良性循环，实质上就是不同的反馈现象。比如，有的同学出现了夜里睡眠不良的问题，就可能影响学习效率。学习效率降低又会使同学延长夜里的学习时间，加重睡眠不良的问题。这实质上是一个正反馈，正是由于正反馈形成了这样一个恶性循环。

深入地了解反馈现象的各种性质，对我们学好物理学及相关科学技术，如电子学、计算机科学等很有帮助。同时，由于反馈现象产生的各种特性也往往可以类推到其他学科。

一、杂技中的正负反馈

听上去，反馈现象距离我们的生活很遥远，但其实存在于很多司空见惯的事物与现象当中。这里我们首先做个简单的实验，以获得反馈现象的感性认识。

1. 实验现象

找一些长短不一的木棒，用食指托住一根木棒的下端，让木棒保持竖直状态，不要翻倒，如图 8-1 所示。如果我们的手指不动，则木棒很快就会翻倒。要想保持木棒竖直，我们的手指必然下意识地随着木棒的歪斜方向做出调整。如果换不同长度的木棒重复这个实验，就会发现比较长的木棒比较容易保持不倒。不同的人，可以支撑的最短木棒的长度可能会不同，而同一个人，经过一定练习，也有可能支撑原来支撑不了的短木棒。

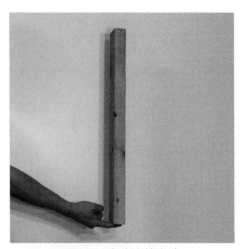

图 8-1　竖立木棒实验

2. 分析与讨论

这个现象可以用正反馈与负反馈的概念来讨论。反馈通常是指某一个物理量的变化，通过一个系统，反过来又影响到这个物理量。如果系统的反馈造成这个物理量的变化继续增加，则这种反馈叫正反馈，反之则是负反馈。

木棒倒下毫无疑问是一个正反馈。从图 8-2 可以看出，当木棒稍稍偏离正

中位置一个角度 θ 时，木棒的重力作用线偏离支点，产生一个力矩。这个力矩使得木棒产生一个角加速度 θ''，如下式所示：

$$I\theta'' = mg\frac{L}{2}\sin\theta \qquad (8\text{-}1)$$

式中，g 是重力加速度；m、I、L 分别是木棒的质量、转动惯量和长度。

图 8-2　木棒的受力与转动

这个角加速度倾向于使木棒偏离正中位置的角度继续增加，而当偏离的角度进一步增加时，这个角加速度也进一步加大。当我们让木棒从支点上自由歪倒时，可以看到木棒一开始很慢地偏离正中位置，随后偏离的速度越来越快，因此这是一个正反馈的机制。而木棒围绕一端旋转时的转动惯量为 $I = (1/3)mL^2$。于是，经过简化可以得到下式：

$$\theta'' = g\frac{3}{2L}\sin\theta \qquad (8\text{-}2)$$

不难看出，木棒歪倒整个过程中的角加速度与偏离正中位置的角度及木棒的长度有关，与木棒的质量无关。也就是说，无论重的或轻的木棒，它们从某一个角度歪倒到另一个角度所需要的时间是一样的（我们假设它们的初始状态都是静止的，或者初始的角速度是相同的）。

在这个实验中，我们的手指起了什么作用呢？事实上，眼睛、大脑和手指组成了另一个系统，这个系统提供了一个负反馈的机制。在支撑木棒时，我们用眼睛感知木棒与正中位置的偏差。根据这个偏差的方向与大小，我们的大脑向手指发出移动的指令。手指移动使得木棒的偏差减小，从而实现负反馈。当负反馈与正反馈机制同时存在时，负反馈作用必须比正反馈强，才能使总的反馈效应为负，使系统相关的参量处于一个中间值附近，而不是变化到极端值。对我们这个系统而言，就是保持木棒的竖直。

对比长木棒和短木棒，它们歪倒过程中的角加速度是不同的，在倾斜角相同的情况下，长木棒的角加速度比较小，也就是说，长木棒的正反馈性质比较弱。我们再比较它们的负反馈性质。对于比较长的木棒，我们可以在它偏离正中位置的角度很小的时候就及时察觉到，使得大脑及时做出判断，发出移动手指的指令，这样就使得负反馈的作用比较有效，可以超过正反馈的作用。长木棒的正反馈效应比较弱，而负反馈效应比较强，这就是长的木棒比较容易保持竖直的原因。

我们看到杂技演员表演走钢丝时，会手持一根很长的平衡棒，目的也是通过减小演员与平衡棒歪倒的角加速度，使演员有更长的时间做出调节反应，以保持在钢丝绳上的平衡。

这样一个保持木棒竖直的负反馈系统，也可以用现代技术来实现。比如，可以用摄像头来测定木棒的偏差角度，通过计算机计算，来驱动一个 xy 二维运动平台以纠正木棒的偏差，如图 8-3 所示。这样一个系统可以用来验证图像识别与处理软件及计算机的运算能力，同时可以用来测试运动平台的机械反应速度与精度。

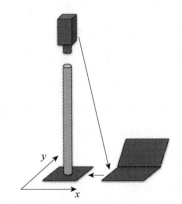

图 8-3 计算机控制负反馈系统示意图

这样一个负反馈系统甚至可以用四轴飞行器来实现，以此验证更多的新技术和新产品。

二、魔法浮标

物体在水里会受到水的浮力，浮力的大小与物体所排开的水的重量一样。因此，如果我们能够想办法改变物体的体积，就可以改变浮力，当浮力从大于物体重量变成小于物体重量或相反的，我们就可以控制物体的浮沉。如果可以进一步不接触物体而控制其沉浮，那么，我们的实验装置就很像一个魔术道具了。

在这个实验中，我们制作了一个类似魔术道具的浮标，通过这个实验了解水的一些性质及其中所存在的正负反馈。

图 8-4　浮标及配重

1. 制作组装

在塑料管靠近开口的一端缠绕一些金属丝，套上金属垫圈等配重，如图 8-4 所示，然后放到水中试验，这时塑料管应该可以直立漂浮在水中。调整配重的重量，使得塑料管不要沉到水底，但浮出水面的部分不超过3毫米。为了看清楚浮标在水中的情况，可以在浮标上画出或粘贴颜色对比比较大的标记。

将饮料瓶灌满水，由于普通的自来水中溶解了很多气体，放入瓶中会析出很多气泡，所以最好是把自来水烧开，赶走气体，然后放在容器中冷却到室温再用。把浮标竖直地放入饮料瓶中，将饮料瓶的瓶盖盖上并拧紧，我们的魔术浮标就做成了。

2. 初步实验观察

用手握住饮料瓶，通常浮标是浮在上部的。如果用手捏压饮料瓶，可以看到有一些水从塑料管底部的开口上升到塑料管内，塑料管中的空气柱的长度相应变短了。手捏饮料瓶的力量大到一定程度，塑料管浮标就会沉到水底。如果我们适当地控制捏饮料瓶的力度，塑料浮标就会浮在瓶子中部，如图 8-5 所示。手捏饮料瓶的力度变化很小，一般不容易看出来，这样一来，塑料浮标就像是被魔力控制住一样，在瓶中或沉或浮。

图 8-5　浮标悬浮在饮料瓶中间

当饮料瓶灌满水盖好盖子后，水中压强基本上就是一个大气压，塑料管内的空气柱维持原来的体积，浮标受到水的浮力略大于浮标的重量，因此浮在水面上。当我们用手捏饮料瓶时，瓶内水的压强增大，这个压强在水中传递到塑料管口，于是塑料管内的空气柱受到压缩，体积变小，这样浮标受到的浮力也因此变小。当浮力小于浮标重量时，浮标就沉入水底。水很难被压缩，其体积基本不随压强变化。这就是用手捏饮料瓶的动作很难被察觉的原因。

同样现象的实验，我们还可以用比较高的饮料瓶来做。不盖瓶盖，改成用嘴向瓶内吹气，这样也可以让浮标下沉。

如果深入进行实验，我们还可能进一步看到一些有趣的现象。当把盖紧的饮料瓶在比较硬的桌面或地面上放置几天后，瓶里的浮标可能会自动沉到水底，这是由于瓶子底部受压后逐渐变形，瓶中水的压强增加了，最后造成浮标下沉。如果把瓶盖拧开，会发现瓶中挤出一些水，瓶子内外的压强重新达到平衡，浮标又会浮到水面上。

3. 魔法浮标中的正反馈与负反馈

这个实验中浮标的沉浮本身是一个正反馈的过程。当对瓶子加压到一定程度时，浮标受到水的浮力略小于浮标的重量，开始下沉，随着深度增加，浮标周围水的压强也进一步增加，又使其内部的空气进一步压缩，浮力进一步减少，最终沉入水底；反之，上浮时也是一样的。这个正反馈过程使得浮标无法稳定地悬浮在瓶子中间，而是要么浮到瓶子上部，要么沉到下部。

我们前面用手来控制浮标使其浮在瓶子中部，其实是在系统中加进了眼、脑和手组成的一个负反馈机制。这样，整个系统总体上就变成了一个负反馈系统。

为了更清楚地观察浮标本身的正反馈性质，我们用一个螺旋卡子对瓶子加压，就可以看到浮标沉到底部，如图 8-6 所示。如果轻轻地把螺旋放松一点，就会发现浮标并不会立即浮上来，必须把螺旋放松很多，浮标才开始上浮，而浮标一旦上浮，就会浮到瓶子上部，而不会停在中间。如果再将螺旋旋紧一点，就会发现浮标不会立即下沉，必须将浮标充分旋紧，浮标才会下沉。

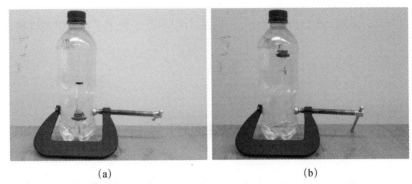

(a)   (b)

图 8-6 用螺旋卡子对瓶子加压（a）及螺旋放松（b）的情形

在这个实验中，我们看到了一种"滞后"现象，也就是说，虽然浮标的位置与螺旋的松紧度有关，但浮标的位置并不随着螺旋的松紧立即变化，而是存在一定的"滞后"。我们可以通过图 8-7 来讨论这个现象。

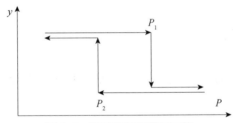

图 8-7 滞后现象和滞后回线

由于瓶子内不同高度的压强不同，我们不妨定义一个位置，如将瓶子的中心作为压强的参考点。横坐标 P 是参考点的压强，纵坐标 y 是浮标的高度。当浮标漂浮在瓶子上部时，我们对瓶子加压，当参考点的压强达到一定值 P_1 时，浮标开始下沉。浮标落到最低点后，继续加压并不能让浮标的深度继续增加。这时开始减压，当压强减到 P_1 时，浮标并不开始上浮。我们必须把压强减到更小的一个值 P_2 时，浮标才会上浮。

图中的曲线构成一个滞后回线，这样的滞后是很多存在正反馈的系统中都有的特性。这种滞后现象告诉我们，正反馈的系统实际上有一定的记忆功能。

我们后面会谈到，计算机上使用的存储器有很多就是利用了正反馈的这种记忆功能。

三、空气放电间隙的负电阻现象与正反馈

电阻是物体在一定电压下，对流过电流的限制或阻碍的能力。通常情况下，电阻值是正的，也就是说，一个元件中流过的电流越大，它两端的电位差就越大。不过，有些元件会在一定条件下呈现出负电阻特性，当电流增加时，元件两端的电位差反而会降低。

负阻现象往往是伴随着正反馈而产生的，我们通过一个实验来观察负阻现象。

1. 实验器材

我们的实验要用到一个高压电源，平常家用的高压电蚊虫拍就是一个很好的实验器材。

> 🖐 **安全提示**：做这个实验时必须有成年人监护。实验时绝对不可以直接用手或手持金属等导体碰触高压电蚊虫拍的任何金属部分，以免发生触电事故。在任何情况下，绝对不可以独自进行任何有人身危险的实验。

高压电蚊虫拍中包含了一个直流到直流的转化器，可以将充电电池的低电压提升成直流的高电压。当我们按下高压电蚊虫拍的升压按钮时，拍子内外层金属之间就会存在一个高压。如果有蚊虫飞入，就会引起放电产生一个电火花，将蚊虫加热汽化。蚊虫拍内的等效电路如图 8-8 所示。高压电源本身有一定的内阻 R，并通过这个内阻向一个电容器 C 充电，所以按下升压电钮后，电容器会逐渐充上高压，松开升压按钮后，电容器两端的高压仍然可以维持很久。因

此，注意在实验中做各种调整之前，一定要将高压电蚊虫拍储存的高压电荷放掉，以防发生触电事故。

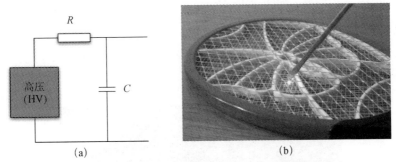

图 8-8　高压电蚊虫拍等效电路与释放高压电荷

找一枚曲别针，将其一端向外弯折，制作一个放电针，如图 8-9 所示。弯折过程中注意保持放电针的平整，其弯出部分的高度要略小于高压电蚊虫拍内外网之间的距离。

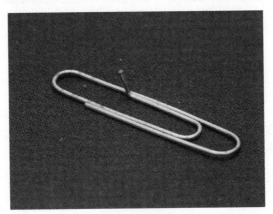

图 8-9　放电针

2. 实验步骤

实验中，我们将放电针放在高压电蚊虫拍的外网上，细心调整放电针的位置，使其尖端与内网金属丝之间的距离为 1～1.5 毫米，但不要让放电针的尖端与内网相碰。这时按下升压按钮，放电针的尖端与内网之间开始"啪啪"地打出电火花。如果开始时看不到打火花，可以用一个绝缘体，如用干燥的筷子等稍微压一下放电针，如图 8-10 所示，就可以引起放电。可以看到这个过程是间歇的，电火花发生在一个很短的瞬间，每一个电火花发生之后，要间隔一段时间后才会产生下一个电火花。通过调整空气放电间隙的距离，可以得到不同的放电频率。

图 8-10　放电时产生的火花

空气在高强度电场的作用下会被击穿放电，这是由于组成空气的气体原子中的电子会受到高电场的作用力，离开它所属的原子，而原子丢失了电子之后带正电，结果就使得原子和电子在电场中朝相反方向飘移得越来越远，这个过程叫作电离现象。

当少量气体原子被电离之后，生产出的电子会被电场加速。这些快速运动的电子可能会撞击其他的气体分子，使其中的气体原子电离。这样，气体中电离出来的电子会继续增多，增多的电子又造成更多的气体原子电离。如此周而复始，经过这样一个正反馈过程，气体中会在短时间内出现大量的电子。这些电子使得空气在短时间内达到导通，呈现出很低的电阻值。当电流通过这种电离的气体时，电离的过程更加剧烈，从而产生热，使空气迅速膨胀，形成一个小型的爆炸，产生激波，我们便能听到清脆的声音。

电离过程造成气体原子系统的能级跃迁，使原子系统放出不同能量的光子，这就是气体放电的过程会产生电火花，发出某种颜色的光的原因。对于不同种类的气体，原子的能级结构不同，放出光子的能量也不同，因而发光的颜色也是不同的。比如，试电笔里用的氖光泡，放电过程中主要发出红色的光；马路上照明用的钠光灯，发出的光主要是橘黄色的；而含有汞蒸汽的日光灯、节能灯等，除了发出很多不同波长的可见光外，还会发出紫外光，这些紫外光通过激发荧光粉，变成可见光。

　　这种空气放电间隙或氖光泡日光灯等气体放电器件实质上是负阻器件。放电的电流越大，气体中的电离过程越剧烈，从而产生更多电子，使得气体的电阻更小，于是维持这一电流所需要的电压反而会变小。通常电子器件的电阻是正值，电压增加，电流也增加，如果以电压为横坐标、以电流为纵坐标画出器件的伏安特性曲线，其斜率总是正的。而负阻器件的伏安特性曲线中，有一些曲线段是呈现负斜率的。我们将负阻器件与普通的正阻器件的伏安特性曲线对比画在图 8-11 中。曲线（1）对应一个正阻器件，其斜率始终是正的。注意：正阻器件的电阻值不一定是一个常数，也就是说，其特性曲线不一定是直线。事实上，不少电子器件的电阻值是会随着工作点改变的。比如一个白炽灯泡，点亮时其灯丝温度变高，电阻会随之增加。曲线（2）显示了典型的气体放电器件的负阻特性。当电压逐步升高时，气体中的电场逐渐增加，这时气体中电离出来很少的电子，很小的电流通过气体，这时器件还是正阻的，只不过其电阻几乎是无穷大。当器件两端电压增加到某一个数值 V_1 时，器件中的气体被击穿，比较大的电流通过器件。这时，器件呈现出负阻特性，特性曲线出现负的斜率。

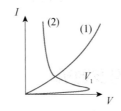

图 8-11　正电阻与负电阻器件

器件的击穿电压与气体的类型及电极的形状有关。对于空气，其击穿电场强度为 3×10^6 伏特/米，如果用两个很大的平行金属板作电极，两者间距 1 毫米，则需要在两个金属板上加上 3000 伏特的高压，才能使金属板之间的电场强度达到 3×10^6 伏特/米。不过如果使用尖锐的金属电极，则在金属尖端局部的电场比在平滑部分要高得多。我们使用放电针使高压电蚊虫拍的内外网靠近，因此不需要很高的电压就可以将空气击穿。

那么，我们看到的放电现象为什么是一下一下而不是连续的呢？这是由于负阻器件与图 8-8 中的电阻 R 与电容 C 共同组成了一个振荡电路。当空气放电间隙没有导通时，高压电源通过电阻向电容充电。当电容两端电压达到击穿电压时，放电间隙进入负阻状态，由于放电间隙有一个比较大的电流通过，电容器中储存的电荷迅速放出，电容两端的电压迅速下降。于是，这个电压会有一段时间低于放电间隙的击穿电压，但放电过程仍然能够维持，直到电容里储存的电荷几乎放光。当放电间隙两端的电压与电流都太低时，放电过程无法持续，放电间隙又恢复到电阻很高的状态。

这种周期性的充电放电，使我们可以用负阻器件和很少的其他电子器件制作出一个简单的振荡电路。如果我们使用氖光泡或照相用的气体放电闪光灯泡，可以很方便地制作出闪光告警信号灯。对比用半导体器件制作的振荡器，这种老式的振荡器更加简单可靠，而且更能耐受恶劣的环境及电冲击。

不难想象，器件的击穿电压是影响振荡频率的重要因素，它决定了电容器要经过多长时间的充电后才会开始引起放电。所以，当我们调节放电间隙的距离时，会观察到振荡频率随之变化，在一定的范围内，间隙距离越小，振荡频率越高。

四、火花式无线电发射机

前面谈到，气体中的放电现象涉及复杂的反馈机制，从而带来很强的负阻特性，而这种负阻特性使得电路中的电流可以被迅速地开关，基于这个原理制成的器件在早期无线电通信中得到了重要的应用。现在人们虽然不再使用电火花来进行无线电通信了，但各种各样的气体放电现象，包括自然存在的雷电等，仍然是产生无线电干扰的重要原因。我们通过一些简单的实验，学习了解一下这方面的知识。

1. 初步原理

无线电报最初是用电火花产生的电波发射的，发报员发送莫尔斯电码或其他电码时，按照电码的长短规则按下电键，电报机中产生一个较高的电压，从而在两个金属球之间产生电火花。电火花本身不是一个稳定的导体，它的等效电阻会根据空气中电离产生的电子数量急剧地随机变化，从而导致电路中的电流也急剧地随机变化。这样就使得发报机连接的天线与地线之间的电场也发生相应的急剧变化，生成无线电波，发射到很远的地方。这种信号被远处的接收机接收到，从耳机里可以听到电火花产生的噪声。

用现在的观点看，火花式发报机产生的电磁波无异于电磁干扰，它覆盖很宽的频谱，使得周边的接收机无论调谐到什么频率都能收到它发射的电报。不过可能正是由于这个原因，即使是在比较先进的通信技术出现了很多年以后，在很多海船上仍然保留着火花式发报机，作为紧急情况下的备份设备。

由于火花式发报机在早期无线电通信尤其是在航海中的重要应用，历史上将无线电通信员称为 sparks。

2. 实验器材与实验步骤

我们可以通过一个很简单的实验来实际了解电火花所产生的电磁波。

找一个收音机，设置在中波广播波段（通常在这个波段有 AM 标注，频率范围通常在 526～1606 千赫兹）。打开收音机电源后，调整接收频率，放在一个没有电台的位置。

在收音机附近用高压电蚊虫拍放电，打出电火花，就可以从收音机中听到放电的噪声。笔者用家用收音机和汽车收音机分别试验过，家用收音机在中波波段通常使用磁性天线接收电磁信号，因此电火花放电的位置需要比较靠近收音机的上方磁性天线的中部以获得比较强的信号。而汽车收音机往往在车身外或车窗玻璃上配置了外接天线，因此能够相对比较清楚地接收到电火花的放电信号。

如果没有高压电蚊虫拍，也可以用电灯开关来产生电火花。将电灯开关扳到中间位置，使得电灯处于时亮时灭的状态，电灯开关内部处于时通时断的状态，就会产生电火花。如果是控制日光灯的电路，由于电路中串联了电感比较大的线圈（镇流器），关断电路时产生的高压更强，发出的信号也更强。关断电路时产生的干扰信号如图 8-12 所示。

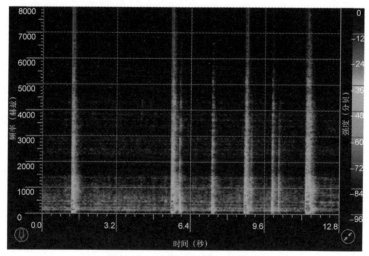

图 8-12　火花产生的干扰信号

我们在手机上下载安装一款名为 SpectrumView 的 APP，它可以测出手机话筒采集到的声音的频率随时间的变化。在上图中，横坐标是时间，单位是秒；

纵坐标是频率，单位是赫兹。图中的颜色表示这些频率成分的强度。图中每一条竖线是振动开关产生电火花干扰收音机产生的噪声。这种冲击噪声的特征是持续时间很短，但在很宽的频率范围内包含很多频率成分。

很多直流电动机里是有电刷的，作用是将外部电源的电能送到转子，同时起到改变转子线圈中电路方向的作用。这种直流电动机通电转动时，电刷与转子接触的地方会不停地交替接通与断开，这样就会产生电火花，由此生成无线电干扰。我们在本章结尾的视频中介绍了这个非常有趣的实验。

实验中，我们用一个电动玩具中的电动机，与两节 1.5 伏特电池串联。打开收音机，在中波调幅波段选一个没有电台的频率，接通电动机与电池使之转动，就会从收音机中听到干扰声。改变电动机与收音机的相对位置，可以听到干扰声音的强弱随之发生变化。

五、晶体管电路、可控硅和单结管的负电阻现象

晶体管是一种可以将电信号放大的电子器件，在图 8-13 中，如果流过晶体三极管基极的电流 I_B 有一个微小的增加，流过集电极的电流 I_C 会对应地有一个较大的增加。

图 8-13　晶体管

在适当的工作点附近，存在如下关系：

$$I_C = \beta I_B = h_{FE} I_B \tag{8-3}$$

其中，β 或 h_{FE} 称为晶体管的共发射极电流放大系数，对很多晶体管而言，这

个值可以达到 100～200 倍。我们可以想象基极流入的电流能控制一个较大的集电极电流。

1. 晶体三极管正反馈电路

现在我们引入正反馈效应。如果我们把两个晶体三极管，即一个 PNP 型晶体管和一个 NPN 型晶体管按图 8-14 所示连接，可以想象，这两个晶体管会处在关断或导通两种状态。

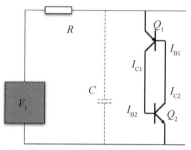

图 8-14　晶体管组成的正反馈电路

假设在起始状态，V_1 处于很低的电平，两个三极管处于关断状态，没有任何电流通过它们，当升高 V_1 时，只要电压上升的速率足够慢，我们仍然可以维持两个三极管的关断状态。不过，只要由于某种原因，如半导体材料的微小漏电等，少量电流（如 I_{B2}）流入三极管 Q_2 的基极，三极管将这一电流放大，生成一个较大的 I_{C2}。这个电流与三极管 Q_1 的基极连接，而 Q_1 将这一电流放大成更大的 I_{C1}，I_{C1} 又使得 I_{B2} 变得更大，周而复始，经过这样一个正反馈过程，这一对三极管组成的电路会在很短时间内达到导通。在导通的过程中，两个晶体管中流过的电流逐渐增加，维持这一电流所需要的电压却越来越低，所以两个晶体管组成的正反馈电路呈现出负电阻状态。这种晶体管构成的负阻电路也可以用来制成振荡器，在图中加一个电容器 C，就可以得到这样一个振荡电路。

我们这里谈到的晶体三极管，在学术文献中经常会被用另一个名词来称呼，即双结晶体管（BJT），这种晶体管是由两个 PN 结构成的。常见的半导体器件中，除了双结晶体管外，还有由一个或三个 PN 结组成的。

双结晶体管通常具有电信号的放大功能，但内部没有正反馈效应。在需要正反馈效应时，通常要通过外部电路来实现。由于双结晶体管的大部分单管放大电路都是反相的，也就是说，输入信号朝正的方向增加带来输出信号朝负的方向增加，因此要实现正反馈，必须用偶数个放大级，就像我们前面用 Q_1 和 Q_2 两个三极管构成的正反馈电路。

2. 可控硅器件

最典型的一种由三个 PN 结组成的器件是可控硅，在有的文献中也叫晶闸管或硅可控整流元件等。可控硅通常用于开关调节大功率的电路，即我们通常说的"强电"，可控硅构造的示意图及等效电路如图 8-15 所示。可控硅这种三个 PN 结的四层结构，可以看成是一个 PNP 型与一个 NPN 型双结晶体管直接耦合在一起。可控硅运行时，内部会出现正反馈现象，这种正反馈使之导通时内部的电阻变得非常小。这样可控硅本身的功率消耗也会较小，因而用在大电流的电路中而不至于过热。

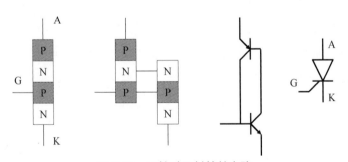

图 8-15　可控硅及其等效电路

当在可控硅的阳极 A 相对于阴极 K 加了一个正电压后，可控硅并不随之导通，就像一个开关处于关断状态一样。要想让可控硅导通，必须给控制极 G 相对于 K 加一个正电压。加到 G 上的正电压可以是一个很短的脉冲，因为可控硅导通后，可以自己维持导通状态，这是由于它内部存在的正反馈。可控硅导通后不会自己关断，除非是阳极 A 相对于阴极 K 之间的电压变成 0 或负值。可控硅通常用在调节交流电的场合，这种情况下，可控硅是由外加在 G 上的脉冲信号打开，而在交流电半个周期结束时自然关断。

可控硅的工作原理有很多资料可供查询了解，这里不再赘述，希望读者能够理解可控硅内存在的正反馈机制，以及这种正反馈对器件运行特性的影响。

3. 单结晶体管器件

另外一种存在内部正反馈的半导体器件是单结晶体管（UJT）。单结晶体管早期被称为双基极二极管，不过，它的原理和用途与我们通常了解的二极管非常不同。单结晶体管构造的示意图如图 8-16 所示。单结晶体管的最显著特性是当发射极 E 的电压相对于第一基极 B_1 高到一定程度时，E 与 B_1 之间开始导通，导通时产生的电流使得两个电极之间的半导体材料的电阻率降低，从而使电流增大，这样就形成一个正反馈，使器件呈现出负阻特性。单结晶体管最常见的应用是将其做成一个振荡器，如图 8-17 所示，这个电路只需用一个半导体器件，就能够方便地重复产生尖峰信号，可以作为调试各种电路的信号源。单结晶体管自身耗电比较小，电源的电能大部分都用在产生脉冲信号上，因此，这种电路实际上相当简单实用且高效。类似的电路我们前面已经见过，这类电路也是负阻器件的一种典型应用。

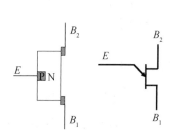

图 8-16 单结晶体管的构造示意图

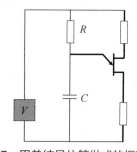

图 8-17 用单结晶体管做成的振荡电路

六、存储器与正反馈

在计算机、平板电脑、智能手机等现代电子技术产品中，数据存储器与数据运算器一样不可或缺。如果以占用集成电路芯片内硅片面积资源为考虑标准，则数据存储器往往会占用比数据运算器更大的面积。有很多产品甚至可以看成是数据运算器这样一叶扁舟，漂浮在由数据存储单元组成的茫茫大海之中。

1. 存储器概述

数据存储单元的作用是记忆数据的状态，有点像我们做笔算时在纸上写的算草，每个单元通常记忆一个比特的信息。需要存储一个数据时，首先向一列存储单元写入它们各自对应的比特的状态：0 或 1。信息一旦写入存储单元，它们各自保存的数据状态就不再改变，除非再次写入别的信息。需要读出时，其输出为当初存储的数据状态。

使用正反馈可以制成存储单元，这类存储单元在当今的电子技术中仍然是非常重要的。

我们可以用晶体管、电阻、发光二极管、按钮开关等搭接出一个简单的正反馈电路，如图 8-18 所示，并研究其记忆或数据存储功能。当电源接通时，一个相对于低电平（GND）的正电压加到供电电源的正极（VCC）上（这个电压可以在 5 伏特左右）。这时，两个晶体管会有一个处于导通状态，对应的发光二极管会亮，而另一个则处于截止状态，对应的发光二极管不亮。比如，Q_1处于截止状态时，V_{C1}处于较高电位（大约 5-2=3 伏特，我们将 D_1 的正向电压降估计为 2 伏特左右），电源经过 R_{11}、R_{22} 向 Q_2 的基极提供一个 2~3 毫安的电流。在这个基极电流的作用下，Q_2 达到导通状态，将 V_{C2} 拉低到 0.3 伏特左右，这时会有 20～30 毫安的电流流过 D_2，使之发出亮光。另外，由于 V_{C2} 低于 Q_1 基极与发射极之间的正向电压降（约 0.7 伏特），Q_1 的基极电流几乎为零，这就使得 Q_1 继续保持截止状态。这个电路的正反馈机制使得电路有了记忆功能，使之始终保持某种电路状态。当 Q_2 导通时，如果按下按钮 S_2，可以使 Q_2 转变成截止状态，从而使 Q_1 变成导通状态。松开按钮，刚刚写入的电路状态仍保持原状。同理，按下 S_1 也会导致 Q_1 截止而 Q_2 导通。

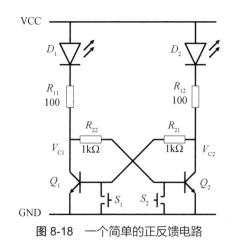

图 8-18　一个简单的正反馈电路

2. 实际存储器的构造

在当今实际的数字电子产品中，集成电路芯片通常用互补金属氧化物半导体（CMOS）技术制成，其中的存储单元最常用的是一种六管（6T）电路，如图 8-19 所示。这个电路由 6 个场效应晶体管组成，其基本结构与我们用双结晶体管搭接的电路非常像。这个电路中的两个 N 型场效应晶体管 M_1 与 M_2 相当于正反馈电路中的 Q_1 与 Q_2。两个 P 型场效应管 M_3 与 M_4 则相当于图 8-18 中的负载电阻 R_{11} 与 R_{12}。另外，两个 N 型场效应管 M_4 与 M_5 起到的作用与按钮 S_1 与 S_2 类似。

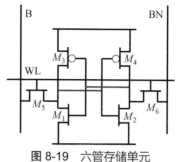

图 8-19　六管存储单元

当向存储单元写入数据时，字节选择线 WL 被设在高电位，如果需要写入 1，则将数据线 B、BN 分别驱动为高电位和低电位。于是造成 M_2 与 M_3 导通，M_1 与 M_4 截止。等到写入过程结束，WL 恢复低电平，由于正反馈的作用，这个状态被记住，不自动改变。这种存储器通常叫作静态存储器，与之对应的另一类存储器叫作动态存储器。静态存储器使用了正反馈机制，数据存入静态存储器之后就不会"忘"，而动态存储器没有使用正反馈机制，结构简单，因而可以做成大容量器件。但缺点是存入的数据时间长了会"忘"，数据存入之后，用户必须定时刷新，才能保证数据不会丢失。

静态存储器由于使用方便，通常被用来与数据处理单元直接接口，承担快速复杂随机的读写操作，而动态存储器由于容量大，则往往用于需要存储比较大量的数据，但数据的存入与读出操作相对比较有规律的情况。

七、扩音器中的反馈

我们前面看到的反馈现象所涉及的物理量基本上是非周期性的，实际上，在具有反馈机制的系统中，完全可以存在周期性的物理量，如电波或声波。这种周期性物理量在反馈系统中呈现出许多非常有趣的性质。

大型会场和文艺演出场所都少不了扩音设备，扩音设备由声电转换装置（话筒）、放大电路及电声转换装置（扬声器）构成，作用是将强度比较低的声音通过话筒采集转换为电信号，经过放大，再通过扬声器转换为比较强的声音。

如果把话筒放到扬声器前面会怎样呢？我们不难想象，在条件合适时，话筒收到的声音经过放大从扬声器里发出来，而这个声音又送回话筒，经过进一步放大再发出来，变成一个没有尽头的反馈过程。这样的反馈过程有时会造成一种非常刺耳的啸叫声，在早期的扩音系统中相当常见。现在的扩音系统在电路设计中采取了一些措施，以减少这种啸叫声发生的可能性，但有时还可以见到这种现象。我们通过一个实验，来直观地了解这种反馈现象。

1. 实验器材与实验步骤

如果你在学校帮助老师管理扩音设备，或者家里有卡拉 OK 机，可以让话筒直接对着扬声器来做这个实验。如果没有现成的扩音设备，也可以自己做一个简单的扩音器。在智能手机 APP 商店中搜索"扩音器""Megaphone"，可以找到很多扩音器的 APP。

☞ **安全提示：**实验所用的 APP 要从正规的网站下载，以免手机感染病毒。有些免费的 APP 会在运行时提供广告，为了避免误操作造成购买不需要的商品，可以在做实验时临时关闭手机的联网功能，比如将手机设置为飞行模式。如果有条件，可以选用退役的智能手机，把其中各种重要信息和支付功能全部清除，这样就可以进一步保障使用安全。

将一个扬声器插到手机的耳机插口，启动 APP，对着手机话筒讲话，就可以听到扬声器中发出比较强的讲话声。

如图 8-20 所示，将手机的话筒靠近扬声器，适当加大扩音器的放大倍数，就可以听到由于反馈所形成的啸叫声。扬声器产生稳定的啸叫后，缓慢地改变手机和扬声器的距离，就可以听到啸叫声的频率随着距离而变化。通常情况下，当增加距离时，啸叫的频率变低；反之，距离减小，频率变高。

图 8-20　扩音器系统的反馈实验

注意：当扬声器中出现啸叫声后，手机移动得要尽量缓慢。如果我们很快地改变手机的位置，扬声器中很可能会切换到一个频率相差很多的啸叫。

2. 闭环时间延迟与振荡频率

在这样一个系统中，信号从话筒经过放大器与扬声器再传到话筒，完成一个闭环的反馈需要一定的时间。这种闭环反馈的时间延迟，使得只有某些频率的信号可以实现稳定的啸叫。话筒将采集到的声波变成正负交替的电信号，这个电信号经过反馈回到话筒再生成新的正负交替的电信号。新信号的相位必须与原来信号的相位一致，也就是说，新信号的正负时间段必须与旧信号的正负时间段吻合，才能使这样一个循环继续下去。这样，只有变化周期符合这一条件的信号才会在系统中稳定地啸叫。显然，当改变话筒到扬声器的距离时，系统的闭环反馈时间延迟也随之改变，因而可以稳定啸叫的信号频率也相应地变化，正如我们在实验中听到的那样。

　　智能手机在话筒将声音变成电信号之后，还要把通过模数转换，将模拟电信号转换为数字语音数据。这些数据在手机中需要经过处理器进行各种运算处理，才会送到一个数模转换器件，最终变成模拟电信号从耳机插孔送出。这些转换和处理都需要时间，有些算法还需要将数据短暂存储。因此，这个由智能手机做成的扩音器往往需要相当长的时间延迟，用手指轻轻弹击手机的话筒，我们甚至可以直接听出扬声器所发出的弹击声要晚很多。当闭环反馈系统中存在这样一个时间延迟比较长的环节时，我们会发现除了单一频率的啸叫外，系统还可能产生许多有趣的信号，比如类似科幻电影中外星人飞船飞过的音响效果，大家可以通过实验自己感受。

八、摄像头与显示器之间的反馈

　　前面讨论的基本上是在单通道系统中涉及单一物理量的反馈现象。如果我们将一个多通道系统的输入与输出通过某种方式耦合起来，就会得到一个多通道的反馈系统。这样的系统会呈现出更加丰富有趣的性质。摄像头与显示器就是一种多通道系统，摄像头拍摄的每个像素，最终传递到显示屏上显示出来，就构成系统的一个通道。对于一个 1136×640 像素的摄像与显示系统，我们可以将它看成是一个 $1136 \times 640 = 727\,040$ 通道的传输系统。

　　当让摄像头拍摄显示器的时候，系统的输入与输出就互相耦合了起来。当然，这种耦合并不是指每个通道自己的输出与输入端连在一起，一般情况下，一个像素在显示器上输出后，很可能会影响到摄像头的多个像素，而摄像头每个像素输出的光强与颜色值也完全可能是显示器上多个像素的输出按照一定的比例权重叠加而成的。这样组成的系统就变得非常有趣，我们通过一个实验来获得一些更直观的认识。

1. 实验器材与实验步骤

在这个实验中，笔者用一部智能手机作为摄像头，通过电缆将手机与笔记本电脑连到一起，电脑屏上全屏显示手机屏上的画面。将手机用橡皮筋捆扎在一个塑料盒子上，塑料盒子与照相机三脚架用一个螺丝母固定，就可以让手机的摄像镜头稳定地拍摄电脑屏了。开启手机的照相机功能，就可以拍摄到如图8-21的现象。做实验的时候，我们尽量让拍摄下来的显示屏充满整个画面，这样就可以看到叠套在一起的许多画框，像一条走廊一样。注意：要仔细调整手机镜头的位置与方向，否则"走廊"很快就会拐弯。手机与显示屏的位置调整好后，可以在二者之间放入一些物体。比如，图8-21（b）中，我们拿了一个笔杆扫过画面。当运动物体出现在画面当中时，可以看到物体在长廊中一层层的图像中逐次出现。

(a)   (b)

图 8-21 摄像头与显示器构成的反馈现象

实验中，我们可以适当调整手机与显示屏的间距，也可以改变手机的放大倍数，以此观察长廊的变化。

2. 实验现象分析

在这个闭环反馈系统中，摄像头的像素并不一定正对相应的显示屏像素。不过，不难想象，整个画面中至少有一个点在摄像头与显示屏上属于相同的像素，这个点是反馈画面"走廊"的中心点。这个点及附近像素的亮度与系统的闭环增益有关。如果摄像头在一定亮度下拍摄到这个点，而送到显示屏回放时的亮度比原有亮度高，这时的闭环增益大于 1，这个点就会越来越亮，最终达到显示屏的亮度上限；反之，如果系统的闭环增益小于 1，这个点就会越来越暗，最终达到亮度的下限。

在实验中，我们可以看到"走廊"画面的中心点有时是亮点有时是暗点，这是手机的摄像头系统设计了自动增益控制的机制的缘故。当整体画面偏暗时，系统的总增益会适当提高，当闭环增益超过 1 之后，画面中心点变到亮度上限。如果整体画面中亮的部分增加，系统会将总增益调低，一旦闭环增益小于 1 之后，画面的中心点就会变到亮度下限。

另一个有趣的现象是，这个系统的闭环时间延迟相对比较长，所以在镜头前扫过一个物体时，在"走廊"的层层画面中，物体会逐一扫过。

扫一扫，观看相关实验视频。

第九章　非线性现象、蚊音探测及若干相关话题

线性或非线性通常是指在一个系统中，输出物理量随着输入物理量变化的函数关系。比如，对一个扬声器输入一个电信号，其输出声压与输入的电信号相关。在真实系统中，这种函数关系的复杂性有两个方面：首先，输出量不仅与输入量本身有关，还可能与输入量的变化速率有关；其次，输出量的增减与输入量的增减可能不一定成比例，也就是说，系统可能不一定是线性的。

一、大振幅与非线性效应

首先介绍一下系统的非线性是怎么回事。

1. 非线性的概念

对于一个输入输出量分别为 x 与 y 的系统，它们之间可能存在如下的函数关系：

$$y = f\left(x, x', x'', \cdots\right) \tag{9-1}$$

其中，x、x'、x'' 为输入量及其一阶与二阶时间变化率（如果 x 是物体的位移，

则它的一阶与二阶时间变化率分别是速度与加速度）。

很多系统的函数关系式可以进一步简化为

$$y = ax + a_1x' + a_2x'' + \cdots \qquad (9\text{-}2)$$

这种系统叫作线性系统，在线性系统的函数关系式中只有 x、x'、x'' 的一次项存在，而没有 x^2、x^3、x'^2、x''^2 等高次项存在。这里注意，不要把高次项与高阶变化率两个不同的概念混淆。线性系统是指函数中只存在一次项，而没有高次项。最常见的一个例子是弹簧，弹簧的伸长量或缩短量在一定的范围内与外力的大小成正比，符合胡克定律：$f = -kx$。如果把这个关系式画出图形，以 x 为横坐标，f 为纵坐标，这个函数就是一条直线。线性这个名称就是这么来的。

当一个系统中的物理量之间存在线性关系时，这个系统的运动或变化行为相对比较简单，也比较容易研究。事实上，线性系统的理论也是人们在数学上研究得比较透彻的一个重要分支。因此，在很多学科中，人们往往把各种复杂的系统首先近似地看成是线性的，而由于这种线性的近似，许多不同学科的系统经常会呈现很多类似的性质。然而严格地讲，实际的系统几乎没有线性的。比如弹簧，当外力大到一定程度时，其形变就可能不再与外力成正比。又比如我们学过的单摆，它的恢复力由和偏离中心的角度成正弦函数关系，$f = mg\sin\theta$，显然也是非线性的。

2. 振幅与非线性

对于非线性系统，如果其相关的物理量偏离平衡位置很小，使用线性近似带来的误差也很小。我们可以从图 9-1 看出这一点。不难看出，对于一个非线性系统，当输入量接近于 0 时，其特性曲线与直线几乎重合。这告诉我们，在输入量的振幅不大时，一个真实系统尽管可能是非线性的，仍然可以用对线性系统得到的结论来近似。而如果输入量的振幅增大，非线性效应就无法忽略，但很多情况下仍然看成是在线性系统的基础上叠加一个小的修正：

$$y = ax + a_1x' + a_2x'' + bx^2 + b_1x'^2 + b_2x''^2 + \cdots \tag{9-3}$$

其中的高次项只在振幅比较大的情况下起显著作用。

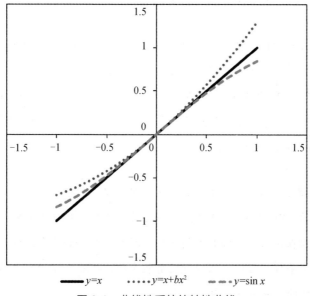

　　　　　　　　━━ $y=x$　　$\cdots\cdots$ $y=x+bx^2$　　- - - $y=\sin x$

图 9-1　非线性系统的特性曲线

二、倍频现象

　　非线性系统与线性系统的一个重要区别是正弦信号通过它们时输出信号的不同。当一个正弦信号通过线性系统时，信号的振幅与相位都可以不同，但输出信号仍然是一个正弦信号，其频率与输入信号频率一样。而当一个正弦信号通过非线性系统时，输出信号中可能含有输入信号频率的两倍、三倍乃至更高倍数的频率成分。这种现象叫作倍频现象。我们通过一个简单的实验来观察倍频现象。在这个实验中，我们会用到两部手机，分别下载安装两个不同的APP。

1. 下载安装 APP 和初步调试

在智能手机 APP 商店中，输入关键词"信号发生器"或"signal generator"，就可以找到很多可以让手机发出正弦波的 APP，从中挑选能产生多个正弦波的。笔者用的是 Multi Wave，在安卓系统可以使用一款名叫 Function Generator 的 APP。在第一部手机上安装这个正弦波发生器的 APP，在第二部手机上下载安装一个 SpectrumView 的 APP。

☞ **安全提示：** 实验所用的 APP 要从正规的网站下载，以免手机感染病毒。有些免费的 APP 会在运行时提供广告，为了避免误操作造成购买不需要的商品，可以在做实验时临时关闭手机的联网功能，如将手机设置为飞行模式。如果有条件，可以选用退役的智能手机，把其中各种重要信息和支付功能全部清除，充分保障使用安全。

2. 倍频信号的观察

启动第一部手机的正弦波发生器，可以从手机的扬声器中听到一个单一频率的声音，调整输出声音的频率至 2000～2500 赫兹。启动第二部手机的频谱仪，这时，从频谱仪上可以看到对应第一部手机所发出声音频率的谱线。将两部手机从间隔 30 厘米左右的距离逐渐推近靠拢，直至第一部手机的扬声器正对第二部手机的话筒，两者间距小于 1 厘米，如图 9-2 所示。在两部手机逐渐接近的过程中，第二部手机的话筒接收到的声音振幅逐渐增加。手机的话筒与内部的放大器系统多少存在一些非线性失真，在信号很强的情况下，这种失真就会出现比较显著的倍频效应。

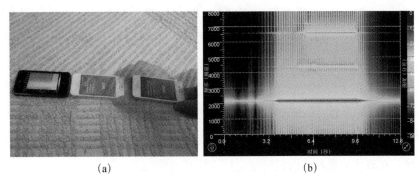

（a）　　　　　　　　　　（b）

图 9-2　倍频现象实验（a）与实验结果（b）

这个实验中，我们可以得到一个频谱图。在这个图中，横坐标是时间，单位是秒；纵坐标是频率，单位是赫兹。这个频谱图显示的是在某一时间，手机话筒测得的声波所包含的频率成分。图中的颜色表示这些频率成分的强度。

我们做这个实验时，第一部手机发出正弦波的频率为 2200 赫兹，从图中可以看出，当两部手机的距离比较远时，频谱图中只能看到 2200 赫兹的频率成分，我们通常称这个原始的频率为基频。在信号不很强的情况下，几乎看不到二倍或三倍频的成分。当两部手机贴近之后，可以看到 4400 赫兹和 6600 赫兹的频率成分逐渐增强，出现了显著的二倍频与三倍频效应。

3. 倍频原理

现在解释一下为什么存在非线性失真的系统会生成倍频信号。为了简化数学运算，我们忽略前面提及的信号变化率带来的影响，这样可以得到

$$y = ax + bx^2 \qquad (9\text{-}4)$$

当输入信号为正弦波时，$x = x_0 \sin\omega t$，其中 x_0 为输入信号的振幅，ω 为正弦波的圆频率。上式的第一项即线性项的贡献仍然是一个正弦信号，频率为原来的

基频。而二次项的贡献可以写成

$$bx^2 = b\left(x_0 \sin\omega t\right)^2 = bx_0^2\left(1 - \cos 2\omega t\right) \tag{9-5}$$

由此可见，由于二次项的存在，系统生成了基频信号的二倍频成分。我们还可以看出，二次项的贡献与 x_0^2 成正比，这表示只有在输入信号足够强的时候，二倍频的现象才会比较显著。

那么，图中的三倍频成分又是怎样产生的呢？比较可能的一个机制是系统中存在三次项的非线性失真。通过类似式（9-5）的推导，很容易证明这一点。当然，在真实的系统中情况可能会稍微复杂一些。

4. 光学倍频现象

光也是一种波动，当很强的光通过具有非线性的介质时，也会产生倍频现象。比较常见的倍频现象发生在磷酸二氢钾（KDP）等非线性光学晶体之中。当一个很强的激光照射到这种非线性晶体时，晶体的非线性效应会将激光的频率加倍，于是出射光的波长变成原来的一半。比如，处于红外光频段 1064 纳米的激光，照射非线性晶体后，会产生一个 532 纳米的绿光。感兴趣的读者可以查阅相关文献进一步了解。

三、蚊音探测实验

人耳可以听到的声音有一定的频率范围，为 20～20 000 赫兹。不同的人在不同的年龄可以听到的最高频率是不同的。有人把频率较高、通常只有年轻人才能听到的声音称为蚊音。在这个实验中，我们试着用非线性现象探测蚊音。

做这个实验时，需要将手机音量调到最高，这时应该注意保持耳朵和声源之间的距离，以免造成听力损伤。

在这个实验中，我们用手机发出两个高频率的正弦波，观察它们通过有非线性失真的外接扬声器产生低频率的差频信号。

1. 下载安装 APP 和初步调试

在智能手机 APP 商店中，输入关键词"信号发生器""signal generator"，就可以找到很多可以让手机发出正弦波的 APP，从中挑选能产生多个正弦波的。笔者用的是 Multi Wave，在安卓系统可以使用一款名叫 Function Generator 的 APP。

☛ **安全提示**：实验所用的 APP 要从正规的网站下载，以免手机感染病毒。实验中，可以将手机的联网功能关闭，以免误触启动随 APP 推送的广告。

为了确保手机上 APP 的各种设定正确可靠，先从我们可以听到的较低频率开始。首先生成 10 千赫兹和 11 千赫兹两个正弦波，让它们从手机扬声器播放出来，并且将音量调到最大。这时我们可以听到两个高频的声音，但似乎听不出它们的差频 1000 赫兹。

2. 差频信号的产生现象

手机的扬声器质量较高，非线性失真很小，因而听不到差频信号。下一步，我们用外接扬声器播放手机生成的信号。

有的 APP 生成两个正弦波只能从立体声的左右通道分别输出，这就要求我们将这两个信号在手机外并联，送入外接扬声器。将 3.5 毫米插头引线绝缘层剥开，可以看到左右两个通道所对应的导体，通常每个通道分别有一根芯线和网状的屏蔽层。将两个通道的屏蔽层接在一起，两根芯线接在一起，使两个通道并联，然后将屏蔽层和芯线分别与扬声器的两个输入端连接，如图 9-3 所示。有些型号的手机会在插头插入后音量自动调低，不过在我们这个实验中，需要把音量调到最大。这时，除了高频的声音，我们应该可以听到 1000 赫兹的差频。为了进一步验证这一点，我们把两个高频的正弦波分别开启、关闭，当只有一个波存在时，只能听见高频的声音，只有当两个高频正弦波同时存在时，才能听到较低频率的差频声音。

图 9-3　手机与扬声器连接

我们将两个正弦波的频率同时升高，比如分别达到 17 000 赫兹和 16 000 赫兹。这时，高频正弦波的频率已经很高了，单独播放时，很多人已经无法听到了。但当两个正弦波同时播放时，我们可以听到扬声器发出的低频声音。

3. 相关问题讨论

一个高质量的信号传输系统，如放大器，无论是对强信号还是对弱信号，其放大倍数都是恒定的。当把输入信号振幅设为横坐标、输出信号振幅设为纵坐标时，由于放大倍数恒定，所以系统的特性曲线是一条直线，我们称这样的系统为线性系统。但对实际系统，当输入信号很强时，系统的放大倍数会改变，如变低了，在这种情况下，输出信号的形状就改变了，我们称这种现象为非线性失真。这种非线性对生成差拍信号非常重要，没有非线性就没有差拍信号。两个频率不同的正弦波同时存在时，我们知道会产生拍的现象，也就是如

图 9-4（a）所示的调幅信号。如果是在一个完美的线性系统中，这个调幅信号本质上仍然是两个单独的正弦波，它们之间的差拍，作为信号并不存在。如果是在非线性系统中，情况就不同了，除了存在两个信号相加的成分，还存在两个信号相乘的成分。当两个高频正弦波相乘时，最后的结果是一个非常快的信号（频率为两个原始信号频率之和）与一个慢信号（频率为两个原始信号频率之差）的叠加，如图 9-4（b）所示。

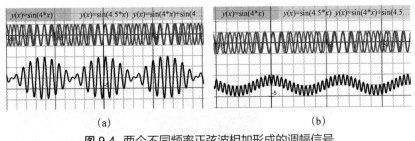

（a）　　　　　　　　　　　　（b）

图 9-4 两个不同频率正弦波相加形成的调幅信号
及二者相乘形成的和频与差频信号

我们用三角函数中的积化和差恒等式，进一步了解和频与差频信号产生的机制。考虑两个频率不同的正弦波互相相乘的情况可以得到

$$y = \sin(\omega_1 t)\sin(\omega_2 t) = \frac{1}{2}\cos[(\omega_1 - \omega_2)t] - \frac{1}{2}\cos[(\omega_1 + \omega_2)t] \quad (9\text{-}6)$$

其中，第一项是差频信号，第二项是和频信号。这就是我们在实验中只有用有非线性失真的扬声器才能听到差频信号的原因。

如果手机上的 APP 允许连续调节频率，我们可以进一步实验。把 16 000 赫兹信号的频率略微调低些，这时它与 17 000 赫兹的频率差变大了，所以扬声器中传来的声音会变得尖一些。

4. 另一个蚊音探测实验

很多人已经知道晶体二极管这种元件，粗略地说，晶体二极管是一个单向导通器件，电流只能沿一个方向通过二极管，而不能反向流过。换句话说，二极管的正向电阻很小，反向电阻很大。当然实际上，二极管在正反向区域转换的过程中，特性要更复杂些，这里暂不详细讨论。需要指出的是，晶体二极管是一种非线性器件。当我们需要构建一个具有较强非线性特性的系统时，二极管是一种很有用的器件。

我们的蚊音探测实验可以用晶体二极管来获得更加显著的效果。这个实验需要找一台质量比较好的信号发生器、一个扬声器和一个硅二极管，实验装置与实验结果如图 9-5 所示。将扬声器与二极管串联，接到信号发生器的输出端。在一部手机上下载安装一款名为 SpectrumView 的 APP 作为信号频率分析探测器。

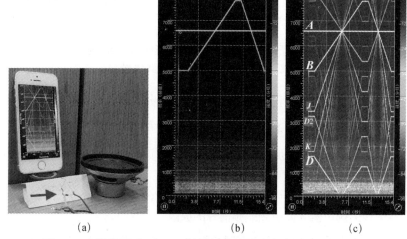

(a)   (b)   (c)

图 9-5 实验装置（a）、原始线性系统的响应（b）及系统加入非线性后（c）产生的多种频率成分（书末附彩图）

实验中，让信号发生器生成两个正弦波，一个（A）频率为 6600 赫兹（假定这个是要被探测的蚊音），另一个（B）从 5000 赫兹扫频上升到 7800 赫兹，然后扫频回落到 5000 赫兹。这两个信号的振幅分别为 3 伏特左右，两者相加后送入扬声器。这里需要让信号振幅超过二极管的正向导通电压（通常为 0.7 伏特左右），普通手机不太容易达到这个输出电压，即使到达也容易产生信号

失真。你可以自行尝试在实验中使用肖特基二极管，其正向电压可以低到约
0.15 伏特，这样信号发生器的输出电压就不需要太高。

由于这个实验的结果需要用录像及手机 APP 来记录，因此所使用信号的
频率都不是人耳听不到的蚊音，而是频率较高的可听声。在做这个实验时，完
全可以选用超过可听频率的信号。

为了观察在线性情况下系统的响应，首先将二极管两个引脚短路，让信
号发生器与扬声器直接连接。这时可以看到与听到信号发生器发出的两个原
始信号，而没有二者的差频信号。当然，由于系统自身存在一些微小的非线
性失真，我们在谱图上隐约可以看到一些其他的频率成分，但只要将信号的
输出振幅降低，这些频率成分通常会消失。将二极管的两个引脚断开，就
在系统中加入了很强的非线性。这时我们除了可以看到信号发生器产生的
两个高频信号（A，B）外，还可以看到二者的差频成分（D），其频率为：
$f_D=f_A-f_B$，起始频率为 1600 赫兹。同时，我们还可以看到许多其他的频率成
分，如 $2D$，其频率为：$f_{2D}=2f_A-2f_B$，起始频率为 3200 赫兹。J，其频率为：
$f_J=2f_B-f_A$，起始频率为 3400 赫兹。K，其频率为：$f_K=3f_B-2f_A$，起始频率为
1800 赫兹。

我们在这个实验中使用了扫频信号，这是可以帮助我们获得更多信息的
一种非常有用的实验技巧。设想如果两个信号都是固定频率的，则它们之间
产生的差频及其他和差信号就都只有一个固定的频率。在非线性比较强、生
成频率成分比较复杂的情况下就很难辨认，而通过扫频就相对比较容易将不
同的成分分辨出来。此外，当几个固定频率的声音混合在一起时，普通人不
易通过听觉分辨（除非是听力很好的音乐家）。而利用扫频信号，在信号（B）
扫频上升接近信号（A）时，它们的差频信号（D）频率逐渐下降到 0。这个
过程即使是像笔者这样没有受过专业听力训练的人也可以非常清楚地听
出来。

四、无线电广播与非线性现象

无线电是人们传播信息的重要途径。早期出现的无线电广播，到现在仍然被广泛应用。无线电信号的发送与接收探测中很多地方用到非线性现象，这些原理并不因年代久远而失去其重要性。

无线电广播信息的一个重要加载方式叫作幅度调制，简称调幅（AM）。我们通常使用的收音机，往往把中波广播波段（526～1606 千赫兹）标注为 AM，因为这个波段的广播电台都是发射调幅信号的。与幅度调制对应的另一种调制方法叫频率调制，简称调频（FM），在普通收音机上使用的频率范围是 87～108 兆赫兹。这里请特别注意：调幅或调频与频率范围是两回事，只是在这两个广播频段，广播电台分别使用了这两种不同的调制方式。

1. 调幅无线电广播原理

调幅无线电广播的原理可以用一个 Spread Sheet 软件仿真，并制作出后面几幅图以辅助理解。你也可以实际做一下这个仿真，事实上，仿真是近代科学研究的一个重要方法，是实际实验的重要补充。

我们准备播放的语音或音乐是一个变化的电信号 VS，在我们的仿真中，我们选择用下式表述：

$$VS = V_0 + \sin(ft) + \sin(2ft) \qquad (9\text{-}7)$$

这里，t 是时间，单位可以任意选择，我们选择在 Spread Sheet 软件中从上到下的行数为单位，总共使用了 500 行，故而时间轴为 0～500，而信号的基频频率 $f = \pi/125$。这样在整个仿真范围内我们可以看到两个周期的音频信号。在无线电广播中，音频信号的频率太低，无法有效地发射出去，为此，需要将它加载到一个频率比较高的信号上去。这个频率比较高的信号叫作载波。在我们的仿真中，载波是一个正弦波 VC，它可以用下式表示

$$VC = \sin\left(ft\right) \tag{9-8}$$

对于中波的广播电台，频率在 526～1606 千赫兹，是音频频率的几十倍到几千倍。不过为了作图清楚，我们没有用那么高的频率比，而是选择 $f=\pi/5$。这里使用的音频信号和高频载波如图 9-6（a）所示。将音频信号加载到载波上的方式是调幅，也就是让输出正弦波的幅度随着音频信号的高低而变化，在我们的仿真中，是将音频信号与载波信号相乘。

$$VBR = VC \times VS \tag{9-9}$$

幅度调制后的输出信号如图 9-6（b）所示。为了不让输出信号的幅度调制得太厉害，我们在音频信号上加了一个常数项或直流分量 $V_0=4$。

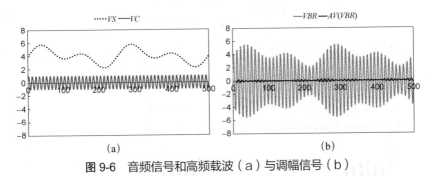

图 9-6　音频信号和高频载波（a）与调幅信号（b）

注意：在这个调幅的过程中需要将两个电信号相乘，这是需要用非线性器件来实现的，如果只用线性器件对信号进行放大和叠加，则无法得到调幅信号。

无线电广播信号到达收音机以后，我们将信号接收下来并放大。毫无疑问，信号的幅度变化承载了音频信息，然而这个信号本身无法用来直接驱动扬声器。因为 VBR 这个信号在快速地正负变化，使得扬声器的纸盆受到快速的推拉力，这种快速的推拉力经过一段时间的平均，其推力和拉力是互相抵消的。这个平均的过程实质上是一种低通滤波器，它的特性是，受低频信号的作用比较大而受高频信号的作用比较小。上面图中的 $AV（VBR）$ 信号是将 10 个点的 VBR 信号平均而成。可以看出，VBR 信号本身无法驱动扬声器发声。

2. 检波

你可能感到奇怪，这个 VBR 信号明明是负载着低频的音频信息，为什么经过滤波之后不会显现出来呢？其实在调幅信号中存在音频信息，但不等于存在音频信号。要想把音频信息变成可以驱动扬声器的电信号，必须经过一个重要的处理过程，这个处理过程叫作检波。

近代的检波电路有很多是使用晶体二极管的单向导电性，只让电流沿着一个方向流动，而阻止其朝另一个方向流动。在我们的仿真中用一个比较函数来实现这个功能：

$$VDET = \begin{cases} VBR, & VBR > V_1 \\ V_1, & VBR < V_1 \end{cases} \quad (9\text{-}10)$$

其中，V_1 是半导体二极管的正向导通电压，我们这里选择 $V_1=0.7$ 伏特。经过检波处理之后，调幅信号变成了如图 9-7 所示的半幅信号。

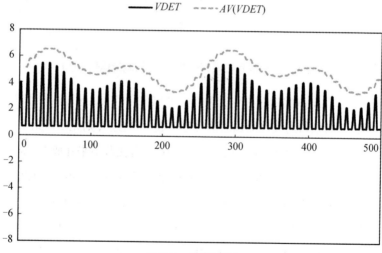

图 9-7　检波过程

检波器显然也是一个非线性器件。检波后的信号只存在一个方向的电流，当这个信号经过放大用来驱动扬声器时，对扬声器的纸盆只有一个方向的推力而没有反方向的拉力。经过一段时间的平均，扬声器得到的总的推力正是广播电台所发送的音频信号。图中的 AV（$VDET$）是将 10 个点的 $VDET$ 信号平均而成。为了与载波的幅度变化相比较，我们将平均后的信号放大了 3 倍。由此可见，无线电广播与接收的过程，都必须通过非线性器件来实现。事实上，在今后的学习当中你会发现，除了无线电广播外，信号处理的很多领域都离不开非线性。

五、超外差原理与非线性

超外差技术是近代无线电接收机的主流设计方案。这个技术利用器件的非线性，将不同频率的信号混合而生成差频信号，以便相关电路进行放大滤波等处理。

1. 外差技术原理

外差技术最初是用来探测接收无线电报信号的。无线电报最初是用电火花产生的电波发射的，这种信号被远处的接收机接收下来，从耳机里可以听到电火花产生的噪声。

1904 年前后，人们开始使用发送连续电波的无线电通信技术。这种连续的无线电波是由一种能够产生高频电流的交流发电机生成的，其工作频率通常在几十到几百千赫兹。连续无线电波对比电火花产生的电磁波要规矩整齐很多，是一个固定频率的信号。这样，不同的发射机可以按照不同的频率发射信息而不会互相干扰。

然而，从耳机里听到这种单频率的无线电波却不是一件简单的事情。无线电波本身的频率远远超过人耳感受频率的上限，无法直接听到。人们想到的办法是产生一个比要接收电波频率高或低 3 千赫兹左右的振荡信号，将两个信号混合在一起，使得合在一起的信号出现一个 3 千赫兹左右的差拍，这种差拍实际上等效于对原始信号进行幅度调制。对这种调幅信号，如果只用线性器件处理仍然无法听到，必须经过一个前面谈到的检波非线性处理才能将差拍信息变成信号抽取出来。这种用两个不同频率的信号，通过混合叠加及非线性处理生成差拍的方法，被称为外差方法。

现在的无线电接收机多采用外差方法以期获得更好的工作性能。外差方法又分为低外差与超外差两种。如果本地振荡器的频率高于外部待接收信号的频率，称为超外差，反之称为低外差。大多数常用的无线电接收机都采用超外差设计。

典型的超外差收音机的原理如图 9-8 所示。

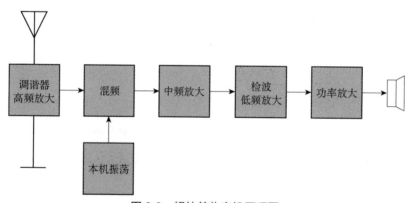

图 9-8　超外差收音机原理图

天线接收到的外界广播信号首先经过一个调谐器。调谐器是一个带通滤波器，它的中心频率调节对准选定电台的频率，使得这个频率的信号得以通过，而频率高于或低于这个中心频率的其他电台信号则被尽可能地衰减。当然仅靠调谐器，对其他电台信号的衰减往往不够，或者说，选择性不够，从而使我们有时可以同时听到几个电台的声音，即我们通常所说的"串台"。经过初步选择的电台信号通常会经过一级高频放大，使得信号变得强一些。

后面的变频级是由本机振荡器和混频器组成的。在有的电路中，本机振荡与混频两个功能是在两个不同器件中实现的，但也有一些电路将这两个功能合并在同一个器件中。无论是哪种电路设计，混频功能总是通过非线性器件来实现的。

本机振荡器的振荡频率是随着调谐器的频率改变的，比如对于中波广播，当我们调谐到频率为 600 千赫兹的电台时，本地振荡频率被设定为 1065 千赫兹，而当我们调谐到频率为 900 千赫兹的电台时，本地振荡频率则被改变为 1365 千赫兹。这就使得我们无论调谐到哪个外界广播电台的频率，本机振荡频率与它的差频始终是一个固定值，这个差频叫作中频。注意：不要将这个概念与中波广播频率混淆。对于中波广播收音机，这个中频是 465 千赫兹。

通过变频级生成的中频信号，被送入后面的中频放大级，使得中频信号进一步放大。放大后的中频信号经过检波，将广播信号中的音频信号抽取出来。音频信号经过低频放大级和功率放大级放大，最终达到可以驱动扬声器的强度。最后通过扬声器，广播信号就变成了我们听到的声音。

超外差方法看起来多了一些麻烦，需要将电台广播的高频信号转换成中频信号，实际上这样一个麻烦还是值得的。中频放大级的工作频率比较低，而且是固定的，比需要在较高频率、较大频率范围内工作的高频放大器设计制作起来要容易很多。

2. 超外差原理演示实验

在无线电接收机中，无论是外来的广播电波频率还是本地振荡频率都比较高，需要用专业的仪器来观察显示。我们这里介绍一个用声波来演示的超外差实验，使用的设备相对比较简单。同时，我们可以直接听到声波频率的变化，有助于我们对超外差技术的原理有一个直观的印象。

这个实验是基于智能手机的声学非线性效应的。我们用一台信号发生器产生两个正弦波，从两个扬声器放出，再用一部智能手机接收，并显示所接收声音的频率特性。这两个正弦波的频率可以从低到高或从高到低变化，但它们的差值始终固定。

在智能手机中，下载安装一个 SpectrumView 的 APP，实验中，让扬声器靠近手机的话筒，实验的结果如图 9-9 所示。

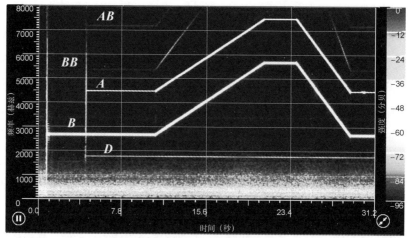

图 9-9　超外差接收原理演示图

我们让一个信号在 10 秒内从 2700 赫兹增加到 5700 赫兹，在上图中我们用 B 来标注这个信号。而另一个信号 A 从 4500 赫兹扫到 7500 赫兹。这里，B 信号相当于外界使用不同频率的不同电台的载波，A 信号相当于超外差接收机中变频级产生的振荡。对于超外差接收机，本机振荡频率总是高于所调谐的外部信号频率一个固定值。在这个演示之中，差值是 1800 赫兹。由于手机内部放大及数字化系统的非线性，可以在上图中看到这个差频（我们标注为 D）。这个差频是一个恒定值，相当于超外差接收机里的中频。除了两个信号的差频，我们也可以找到两个信号的和频（我们标注为 AB），这个和频的起始频率是 7200 赫兹。另外，系统的非线性还产生了信号 B 的二倍频成分（BB）。

很多读者无法找到合适的信号发生器，为此，笔者用一部手机作为信号源来重复做了这个实验。在安卓系统里有一款名叫 Function Generator 的 APP，这个 APP 可以生成两个扫频信号。

在第二部手机上，如前面一样下载安装一个 SpectrumView 的 APP，以此分析显示信号的频率成分。

这两部手机都是型号相对比较旧的退役手机，因此可以想象信号在生成与接收的各个阶段都可能存在比较强的非线性失真。正因为如此，这个实验给我们带来很多意外的收获，除了两个信号的差频、和频等，我们还可以看到不少其他频率成分，如图 9-10 所示。图中除了信号 A 与 B 的差频信号 D，还有两条非常显著的三次方非线性生产的混频信号，我们分别标注了 X_1 与 X_2。其中，X_1 的频率为：$f_{X_1}=2f_A-f_B$，X_2 的频率为 $f_{X_2}=2f_B-f_A$。X_1 的起始频率为：$2\times4500-2700=6300$ 赫兹，X_2 的起始频率为：$2\times2700-4500=900$ 赫兹。我们可以从图中清楚地看到这一点。图中还存在很多其他混频信号，仅通过这一个实验，笔者无法确认它们的来源，有兴趣的读者可以通过微调一些扫频参数等方法进一步研究。

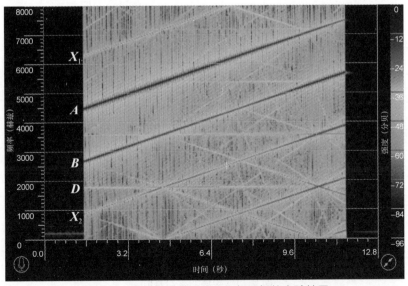

图 9-10　非线性比较强信号源与手机的实验结果

这个实验给我们带来的启示是，在非线性系统中混频信号的生成非常复杂，经常超出我们做理论分析时的想象，而这也恰恰是非线性现象的魅力所在。

六、单摆振幅与周期的关系

单摆在摆动幅度很小的时候，其运动可以看成是简谐振动，振动的周期近似与振幅无关。不过，当振幅比较大的时候，其运动不再是简谐运动，振动的周期也会随着振幅的增加而变长。

1. 原理简介

单摆的受力情况如图 9-11 所示。单摆的恢复力是非线性的，由图可以得出恢复力 f 为

$$f = mg\sin\theta \tag{9-11}$$

其中，mg 为单摆锤所受到的重力，θ 为摆的偏转角。将正弦函数展开：

$$\sin\theta \cong \theta - \frac{\theta^3}{3} \tag{9-12}$$

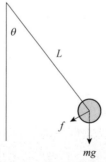

图 9-11　单摆的受力分析

由此可见，恢复力中除了线性项（第一项）外，还存在非线性的高次项。非线性项在振幅很小的时候可以忽略，但是在振幅比较大的情况下，则不能忽略不计。这里，三次方的非线性项起到减小恢复力的作用，使得单摆回复原位的加速度变小，于是单摆的振荡周期在振幅比较大的情况下会略微变长一些。

2. 实验及数据分析

这里介绍一个简单的实验，以此获得对单摆振幅与周期的关系的直观理解。我们的实验装置是一个由细线和小重锤组成的单摆，如图 9-12 所示。

图 9-12 单摆实验装置

实验中用的单摆摆长大约 90 厘米，这个长度是根据悬挂点的高度决定的，我们希望单摆摆动时，可以尽量靠近地面掠过。我们在地面上贴一块黑胶带作为标记。

单摆的摆动周期在振幅为 θ_0 时可以通过下式计算：

$$T \cong 2\pi\sqrt{\frac{L}{g}}\left(1 + \frac{1}{16}\theta_0^2 + \frac{11}{3072}\theta_0^4 + \cdots\right) \qquad (9\text{-}13)$$

这个公式的具体推导过程比较复杂，感兴趣的读者可以自己查阅有关文献。当摆动振幅比较小的时候，高次项可以忽略，90 厘米长的单摆摆动周期大约为 1.9 秒。为了验证这个结果，我们让单摆以大约 5 度的振幅摆动，并拍摄录像。单摆从左向右通过标记的情形如图 9-13 所示。

图 9-13　单摆小振幅摆动情况

我们把实验的录像用计算机播放，通常数字照相机或手机拍摄的录像画面速度为 30 帧/秒，因此只要数出单摆摆动中两次通过同一位置之间的画面帧数，就可以计算出单摆的周期。为了更加准确地确定单摆通过的瞬间，我们选择从左到右，即将接触地面标记的位置作为计时的起点与终点。在这个状态下摆锤速度比较快，有利于通过比较相邻的两帧画面确认摆的位置。

用计算机软件启动录像文件后，将播放暂停，然后按动箭头键，选择作为起点的画幅。随后继续按键，以此数出单摆振荡一个周期所需的画幅。为了提高精度，可以连续数若干个摆动周期，在笔者做的这个实验中，单摆在两个周期中共经过了 114 个画幅。由此算出，这个单摆的振荡周期为（114/2）/30=1.90 秒。

让单摆以比较大的振幅摆动，笔者在做实验时，摆的初始角度大约为 45 度。启动相机拍摄录像，然后重复前面的分析过程，这时单摆通过地面标记的速度比较快，因而影像比较模糊，如图 9-14 所示，需要仔细观察。实验中我们数了两个周期，单摆摆过这两个周期经过了 119 个画幅。由此算出，这个单摆的振荡周期为（119/2）/30=1.98 秒。

图 9-14　单摆大振幅摆动的情况

通过这个简单的实验我们看出，当单摆振幅达到 45 度左右时，单摆的周期增加约 4%，我们可以看看与式（9-13）是否相符。在 45 度时，θ_0=0.785（弧度），于是式（9-13）中的平方项（$\theta_0^2/16$）=0.039。在我们实验的精度内，实验结果与理论是相符的。在式（9-13）中的 4 次方项目前尚不显著。

有兴趣的读者可以进一步提高摆动的振幅，如达到 90 度，这时在式（9-13）中，除了平方项，4 次方项也必须计入了。我们可以算出，在 90 度时，4 次方项对摆动周期的贡献将达到 2% 的量级，用我们这个简单的实验装置已经可以测出来了。将摆动振幅为 5 度、45 度和 90 度情况下的计算分析与测量结果在表 9-1 中列出，可以看出非线性性质随着摆动振幅的增加逐渐显著的趋势。

表 9-1　单摆振动周期测量结果

	θ_0=0.087	θ_0=0.785	θ_0=1.571
L	0.90 米	0.90 米	0.90 米
$2\pi\sqrt{\dfrac{L}{g}}$	1.90 秒	1.90 秒	1.90 秒
$\dfrac{1}{16}\theta_0^2$	0.0005	0.0385	0.1542
$\dfrac{11}{3072}\theta_0^4$	0.0000	0.0014	0.0218
T（计算值）	1.90	1.98	2.23
画幅数	114/2	119/2	
T（测量值）	1.90	1.98	

　　为了进一步提高实验的精度，可以拍摄慢动作的录像，通常慢动作录像的拍摄速度是 120 帧/秒乃至 240 帧/秒，可以大大提高测时精度。拍摄时注意要让光线强一些，这样可以尽量降低摆锤通过地面标记时的模糊程度。

扫一扫，观看相关实验视频。

彩　　图

(a)

(b)

图 1-26　原始照片（a）及其经过对称操作的结果（b）

(a)

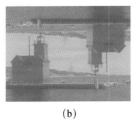
(b)

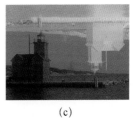
(c)

图 1-27　原始图片（a）、对称图片（b）和反对称图片（c）

(a)

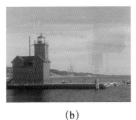
(b)

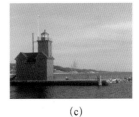
(c)

图 1-28　对称图片和反对称图片不同比例与等比例叠加的结果

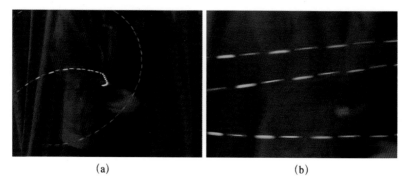

(a)　　　　　　　　　　　　　(b)

图 4-23　发光二极管发出的红绿相间亮线

(a)　　　　　　　　　(b)　　　　　　　　　(c)

图 6-17　动物眼睛的回反射现象

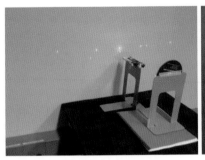 

(a)　　　　　　　　　　　　(b)

图 7-1　光盘作为反射光栅的实验

图 7-3　光盘在轴对称情况下的干涉实验

图 7-5　光盘上的干涉图形

图7-7　钠灯产生的光谱

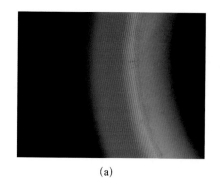

(a)　　　　　　　　　　　　　　(b)

图 7-8　白炽灯的光谱（a）与太阳的光谱（b）

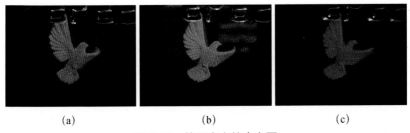

(a)   (b)   (c)

图 7-10　信用卡上的全息图

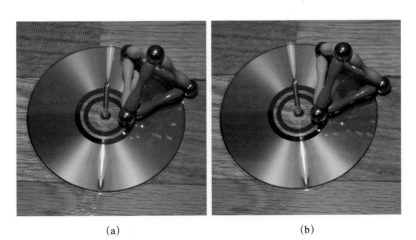

(a)   (b)

图 7-12　裸眼三维成像的实验结果

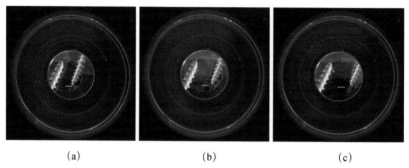

(a)　　　　　　　　(b)　　　　　　　　(c)

图 7-14　凸透镜生成的三维图像

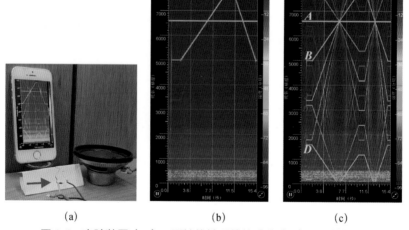

(a)　　　　　　　　(b)　　　　　　　　(c)

图 9-5　实验装置（a）、原始线性系统的响应（b）及系统加入
非线性后（c）产生的多种频率成分